Sandra Blömacher

Sukzession mariner Makrofauna auf künstlichem Hartsubstrat

GRIN Verlag

Bibliografische Information der Deutschen Nationalbibliothek:

Die Deutsche Bibliothek verzeichnet diese Publikation in der Deutschen Nationalbibliografie; detaillierte bibliografische Daten sind im Internet über http://dnb.d-nb.de/ abrufbar.

Impressum:

Druck und Bindung: Books on Demand GmbH, Norderstedt Germany
ISBN: 978-3-640-15050-2

Dieses Buch bei GRIN:

http://www.grin.com/de/e-book/114721/sukzession-mariner-makrofauna-auf-kuenstlichem-hartsubstrat

Sukzession mariner Makrofauna auf künstlichem Hartsubstrat

Diplomarbeit

von Sandra Blömacher

Fachbereich Biowissenschaften der Universität Rostock
Institut für Biodiversitätsforschung
Wissenschaftsbereich Allgemeine und Spezielle Zoologie

Rostock 2001

Inhaltsverzeichnis

Zusammenfassung

Die Ergebnisse der vorliegenden Untersuchung ermöglichten einen weiteren Einblick zur Entwicklung von komplexen Lebensgemeinschaften in einem marinen Habitat.
Auf den künstlichen Hartsubstraten Beton, Ziegel, Glas konnten Unterschiede im Verlauf der Sukzession mariner Makrofauna festgestellt werden. Die Untersuchung wurde von Dezember 1999 bis August 2000 im Salzhaff der Mecklenburger Bucht (Ostsee) an der Biologischen Station Boiensdorf (Universität Rostock) durchgeführt. Die Unterschiede im Verlauf der Sukzession waren sowohl temporaler als auch substratspezifischer Natur. Ein Teil der vorgefundenen Organismen zeigte ausgeprägte Substratpräferenzen und bildete im Verlauf der Untersuchung verschiedene Lebensgemeinschaften aus. Einige Arten beeinflußten die Lebensgemeinschaft und das Substrat besonders intensiv und konnten als Schlüsselarten identifiziert werden.

Summary

The results of this study gained further detailed information on the development of complex community structures in a marine habitat. Differences in the course of succession of marine macrofauna on the applied artificial substrates concrete, brick and glass were discovered. The investigation was performed in the inner coastal waters (Salzhaff) of the Mecklenburg Bight (Western Baltic Sea) at the Biological Station Boiensdorf (University of Rostock, Germany) from December 1999 until August 2000. Macrofauna succession was characterized by temporal and substrate-specific variations. Several organisms showed distinct preferences in their choice of substrate and formed various communities during the investigation period. Some species had a very distinctive way of influencing substrates and their communities and were determined as key species.

1 Einleitung

Die Sukzession beschreibt die zeitliche Abfolge der an einem Standort einander ablösenden Pflanzen- und / oder Tiergesellschaften, indem diese auf eine Folge einseitig gerichteter Vorgänge, d. h. Umweltveränderungen, reagieren.

RUMOHR et al. (1996) sieht die ökologische Sukzession als Prozeß an, der unter gleichbleibenden Bedingungen zur Reife oder Stabilität einer Gemeinschaft führt. Ein reifes oder stabiles Ökosystem muß nach REMMERT (1992) jedoch weiterhin anpassungsfähig und in der Lage sein, langsame Veränderungen, wie eine Klimaveränderung, kompensieren zu können. Der Autor betont, daß eine Sukzession durch abiotische Faktoren, menschliche oder tierische Eingriffe auf einem bestimmten Stadium „festgehalten" werden kann und sich keine Klimaxgesellschaft entwickelt. Der „Klimax" ist REMMERT (1992) zufolge ein künstlicher Begriff, der die standortgemäße, natürliche oder naturnahe Vegetation und ihre-entsprechenden Tierwelt beschreibt. Die Sukzession wird durch die Interaktion von Umwelteinflüssen und die Adaptationsfähigkeit der Fauna und Flora angetrieben, das Wachstum und die Regulation der Populationen einer Gemeinschaft werden dabei durch voraussagbare natürliche physikalische Störfaktoren (Licht, Temperatur, Salinität, Wellenexposition) sowie von Interaktionen mit anderen Spezies der Gemeinschaft beeinflußt (DAYTON 1971). Diese Störfaktoren und Interaktionen beeinflussen die Gemeinschaften hinsichtlich ihrer Zusammensetzung und Verbreitung (PEARSON 1981). ELMGREN (1978) stellte fest, daß die Mehrheit der Arten individuell verteilt ist und durch Überlappungen ein Kontinuum entlang von Umweltgradienten bildet. Die Sukzession ist von der Präsenz bzw. Abwesenheit bestimmter Schlüsselarten abhängig (PEARSON 1981). Der Autor betont, daß die Identifikation dieser Schlüsselarten und deren Lebenszyklus sowie die Untersuchung der Lebenszyklen der übrigen Arten einer Gemeinschaft einen wichtigen Einblick über den möglichen Ablauf der Sukzession in einem bestimmten Gebiet liefern.

Untersuchungen zur Sukzession und den verschiedenen Lebensgemeinschaften waren in den letzten Jahren Inhalt zahlreicher Arbeiten (SUBKLEW & THOMASCHKY 1963, SCHÜTZ 1964, DAYTON 1971, PEARSON 1981), die auch im Gebiet der Ostsee durchgeführt wurden (ELMGREN 1978, OLENIN 1995, RUMOHR et al. 1996). Die Ergebnisse dieser Untersuchungen sollen Aussagen zur Diversität, Verbreitung der Arten, Einwanderung von Neozoen und der Reaktion der Arten auf Veränderungen der Umweltbedingungen ermöglichen.

Sie waren und sind wertvoll für die Identifizierung, Analyse, Vorhersagen und Bearbeitung von weiteren Veränderungen in der Ostsee und deren Untereinheiten (RUMOHR 1996).
Ziel der vorliegenden Diplomarbeit ist, an einem weiteren Beispiel zur vertiefenden Kenntnis von einer Sukzession von Makrofauna auf künstlichem Hartsubstrat in einem marinen Habitat (Mecklenburger Bucht, Westliche Ostsee) beizutragen.

Dabei sollten folgende Fragen beantwortet werden:

1. a) Wie verläuft die Sukzession?
b) Gibt es auf verschiedenen Substraten im gleichen Habitat Unterschiede im Verlauf der Sukzession?

2. Unterscheiden sich Artenzusammensetzung und Diversität auf verschiedenen Substraten?

3. Welchen Einfluß hat die siedelnde Makrofauna auf den weiteren Verlauf der Sukzession?

2 Material und Methoden

Die Untersuchungen wurden an der Biologischen Station Boiensdorf von Dezember 1999 bis August 2000 durchgeführt. Das Salzhaff schließt sich nordöstlich an die Insel Poel an und ist durch die flache und schmale Kielung am südlichen Ende der Halbinsel Wustrow mit der Wismarer Bucht bzw. Mecklenburger Bucht verbunden (Abb. 1). Die durchschnittliche Tiefe des Salzhaffs beträgt 2,3 m. Etwa die Hälfte des Areals wird von flachen Randbereichen (0 – 2 m) eingenommen, die windabhängig trockenfallen können und das sogenannte Windwatt bilden.

Das Gebiet der Mecklenburger Bucht gehört zum Übergangsbereich zwischen Nord- und Ostsee. Der Wasseraustausch zwischen den beiden Meeren ist ausgeprägten hydrographischen Schwankungen unterworfen, dem Ausstrom von salzärmerem Oberflächenwasser ist ein salz- und sauerstoffreicherer Tiefenstrom entgegengerichtet.

Abb. 1 Untersuchungsgebiet (Kartenmaterial nach MapAndRoute & infoware & Tele Atlas 2007, http://maps.gelbeseiten.de/)

Die Salinität spielt neben dem Sauerstoff für die Besiedlung mariner Lebensräume eine ganz entscheidende Rolle. Das Salzhaff weist einen durchschnittlichen Salzgehalt von 12 – 13 ‰ auf (WALTER, 1996) und sinkt in der Regel nicht unter 10 ‰. Der Wasserkörper des Salzhaffs ist vertikal kaum geschichtet und weist eine gute Durchmischung auf. Das Fehlen einer vertikalen Schichtung gewährleistet im Gebiet des Salzhaffs eine gute Sauerstoffversorgung.

Hohe Temperaturen und mikrobielle Zehrungsprozesse sowie Atmungsaktivitäten der Makrophyten können im Sommer zu starken Schwankungen des Sauerstoffgehaltes im Salzhaff führen. Anzeichen für Eutrophierung lassen sich anhand des Auftretens schnellwüchsiger feingliedriger Braun- und Rotalgen erkennen. Das Salzhaff und die Wismar-Bucht werden vor allem durch die Kläranlagen Rerik und Wismar stark belastet. Die zunehmende Eutrophierung könnte zu einer Entwicklung von einem gegenwärtig phytalgeprägten zu einem phytoplanktondominierten Gewässer wie dem Darß-Zingster Bodden führen (GOSSELCK & V. WEBER 1997).

Für die Untersuchungen zur sukzessiven und einer zeitlich begrenzten Makrofaunabesiedlung auf künstlichem Hartsubstrat wurden im Dezember 1999 Siedlungsplatten ausgebracht. Verwendet wurden die Materialien Beton, Ziegel und Glas. Die Wassertiefe an der Probenahmestelle betrug ca. 2 – 2,5 m; die Platten sollten daher in einer Tiefe von 1,5 m aufgehängt werden, um einen Bodenkontakt auszuschließen. Dazu wurden die Platten mit Seilen von ca. 1 m Länge versehen und an zwischen Reusenpfählen gespannten Seilen aufgehängt, der Abstand zwischen den einzelnen Platten an den Seilen betrug 0,5 m.

Die Probenahme erfolgte einmal im Monat. Es wurden pro Versuch 3 Betonplatten, 3 Ziegelplatten und 1 Glasplatte entnommen.

Der erste Versuch, im folgenden Sukzessions-Ansatz genannt, sollte die Beobachtung der kontinuierlichen Entwicklung über den gesamten Probenzeitraum ermöglichen. Die Platten wurden in einem mit Meerwasser gefüllten Probenbehälter nach Rostock transportiert und untersucht.
Der zweite Versuch, der Kontroll-Ansatz, sollte die Entwicklung innerhalb eines Monats festhalten. Die Platten dieses Ansatzes wurden vor Ort untersucht, die Platten anschließend mit Süßwasser gereinigt und wieder ausgebracht.

Bei jeder Probennahme wurden Temperatur und Salinität gemessen (Anhang III). Die Messung erfolgte mittels eines Leitfähigkeitsmeßgerätes, welches auch die Temperatur erfaßte.

Die Untersuchung der Versuchsobjekte erfolgte mittels einer Binocularlupe. Alle Platten wurden bei der Entnahme am Probenort mit Meerwasser über einem Sieb von 1 mm

Maschenweite abgespült und die zurückgehaltenen Tiere fixiert. Die Platten wurden zunächst unter dem Binocular auf koloniebildende Makrofauna untersucht und diese bestimmt. Alle übrigen Tiere wurden abgesammelt und fixiert. Die Fixierung erfolgte mit einer Mischung aus gepuffertem Formalin (35 %) und Meerwasser (Verhältnis 1:9).

Alle Platten wurden für die Auswertung der Veränderungen der Flächenbedeckung durch koloniebildende Arten (*Gonothyraea loveni*, *Laomedea flexuosa*, *Electra crustulenta*) photographiert.

Die vorgefundenen Tiere wurden wenn möglich bis zur Art bestimmt und ausgezählt. Die mit „sp." bezeichneten Taxa (Polycladida gen. sp., *Lineus* sp., *Cephalothrix* sp., *Cerastoderma* sp., *Mytilus* sp. und *Bathyporeia* sp. sowie die Chironomidae) konnten nicht eindeutig einer bestimmten Art zugewiesen werden und wurden als jeweils ein Taxon in der Zählung berücksichtigt.
Bei den Polycladida gen sp. handelt es sich vermutlich um die gleiche Art, jedoch konnten die Tiere mit den zur Verfügung stehenden Mitteln nicht weiter identifiziert werden.
Bei *Lineus* sp. und *Cephalothrix* sp. handelt es sich wahrscheinlich um *Lineus ruber* und *Cephalothrix linearis*. Beide Arten sind für die Gewässer der Mecklenburger Bucht nachgewiesen (ZETTLER et al. 2000).
Die Arten der Gattung *Mytilus* sind taxonomisch umstritten und es ist unklar, ob es sich bei den Tieren in der Ostsee um *M. edulis* oder *M. trossulus* (GOULD, 1850) handelt.
Die Exemplare der Gattung *Cerastoderma* waren aufgrund ihrer geringen Größe nicht oder nur schwerlich als *C. edule* bzw. *C. lamarcki* zu identifizieren.

Von den Parallelproben wurden Gesamtzahl und Mittelwert erstellt. Bei den Tax *Mytilus* sp. und *Balanus improvisus* kam es in den Monaten Juli und August zu so hohen Individuendichten, daß nur ein Viertel der Plattenfläche ausgezählt und dann auf die Gesamtfläche hochgerechnet wurde.
Die Oligochaeten wurden wegen ihrer geringen Größe wie auch die Nematoda, Ostracoda und Copepoda der Meiofauna zugeordnet.

Die koloniebildenden Arten wurden getrennt ausgewertet und anhand des Bedeckungsgrades der Gesamtplattenfläche erfaßt. Der Anteil der Bedeckung wurde in Prozent angegeben.

Die Makroalgen wurden mit dieser Methode ebenfalls erfaßt, aber nicht näher bestimmt.

Ein quantitativer Vergleich der mobilen Arten war nur mit Einschränkungen möglich. Bei der Entnahme der Platten war bei diesen Arten mit hohen Verlusten durch Flucht zu rechnen. Um diesen Verlusten entgegen zu wirken, wurden die Platten über einem Sieb abgespült. Das Ausbringen von Siedlungsplatten sollte im Vergleich mit Untersuchungen, die mit Hilfe eines Pfahlkratzers durchgeführt wurden, besser für die quantitative Analyse mobiler Organismen geeignet sein. Die Ergebnisse der vorliegenden Arbeit zeigen jedoch, daß die Verwendung von Siedlungsplatten kaum geeignet war, Aussagen über die Abundanzen mobiler Arten zu machen. Die Aussagen in Bezug auf Abundanz und Dominanz dieser Arten sind daher differenziert zu betrachten.

Eine mehrwöchige Sturmphase Ende Januar machte einen Ersatz notwendig, da viele Platten während dieser Periode verloren gingen. Um einen erneuten Verlust zu vermeiden, wurde zur Befestigung der Seile Draht verwendet. Die neuen Platten wurden gesondert markiert und in den folgenden Monaten parallel mit von Dezember verbliebenen Platten entnommen. Die gemeinsame Entnahme der neuen und alten Platten erfolgte erstmals im Mai 2000. Da von allen Platten Standardabweichung und Varianz der Mittelwerte erfaßt wurden, ist eine gesonderte Berücksichtigung im Ergebnisteil nicht erforderlich.

Für die statistische Auswertung wurden das Statistik-Programm BioDiversity Professional (Version 2) sowie der T-Test zur Berechnung von Mittelwerts-Unterschieden genutzt.
Der Diversitätsindex wurde nach der Formel von Shannon-Weaver (1949) berechnet.
Die Dominanz der einzelnen Arten wurde für die Auswertung durch die folgenden Klassen beschrieben :
> 10 % eudominant; 5 – 10 % dominant; 2 – 5 % subdominant; 1 – 2 % rezedent; < 1 % subrezedent

3 Ergebnisse

3.1 Beschreibung des künstlichen Substrat-Angebotes

In den Monaten Januar bis März waren alle Platten hinsichtlich ihrer Fauna und Flora relativ bewuchsarm. Die Makrofauna bestand hauptsächlich aus vagilen Taxa der Gastropoda sowie einigen Isopoda und Amphipoda. Makroalgen waren zunächst nur geringfügig vorhanden, erst ab April setzte verstärktes Wachstum von Grün- und Rotalgen ein. Im Mai dominierten vor allem die Hydrozoa auf allen Substraten. Außerdem wurden auf den Platten des Sukzessions-Ansatzes große Bryozoa-Kolonien nachgewiesen. Erhöhte Abundanzen konnten auch bei den Sabellidae und Spionidae (Polychaeta) beobachtet werden. In den Monaten Juni, Juli und August gingen die Abundanzen dieser Taxa jedoch zurück. Die Hydrozoa konnten zu diesem Zeitpunkt nicht mehr eindeutig bestimmt werden, da nur noch Stolone und Überreste von Hydrocauli auf den Platten zu beobachten waren. Erst im August konnte *Gonothyraea loveni* wieder identifiziert werden. In den letzten Probemonaten dominierten *Balanus improvisus*, *Mytilus* sp. und *Electra crustulenta*. Teilweise bildeten *Electra crustulenta* und *Balanus improvisus* eine dicke zusammenhängende Kruste, die die Oberfläche der Platten fast vollständig bedeckte.

3.2 Artenanzahl und Artenarealkurve

3.2.1 Artenanzahl

Insgesamt wurden im Verlauf der Untersuchung 41 Taxa nachgewiesen.

Die Anzahl der Arten stieg während der Untersuchung in beiden Versuchsansätzen an (Abb. 2). Hierbei war festzustellen, daß die Anzahl der vorgefundenen Arten auf den Platten des Sukzessions-Ansatzes höher lag.

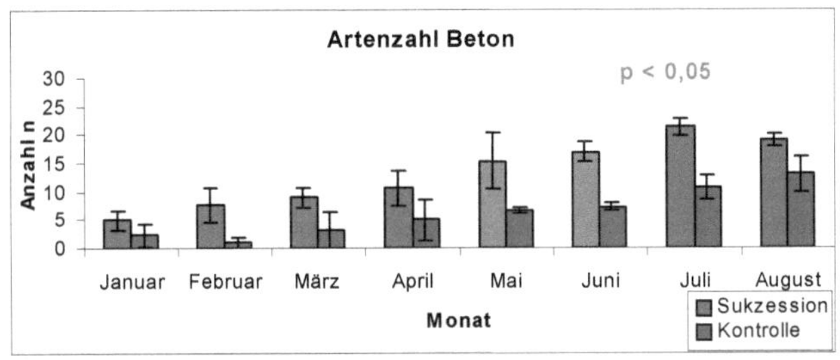

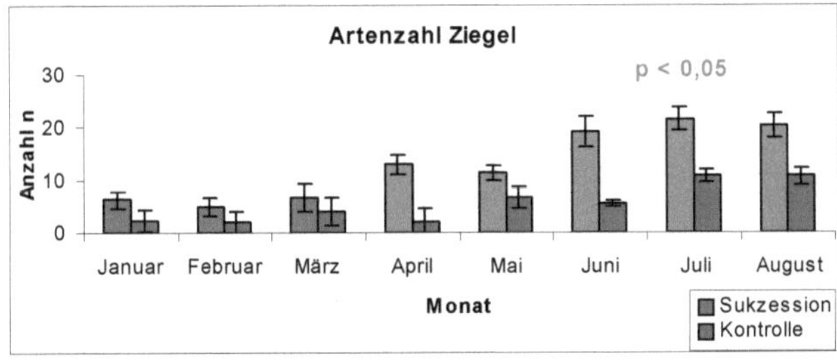

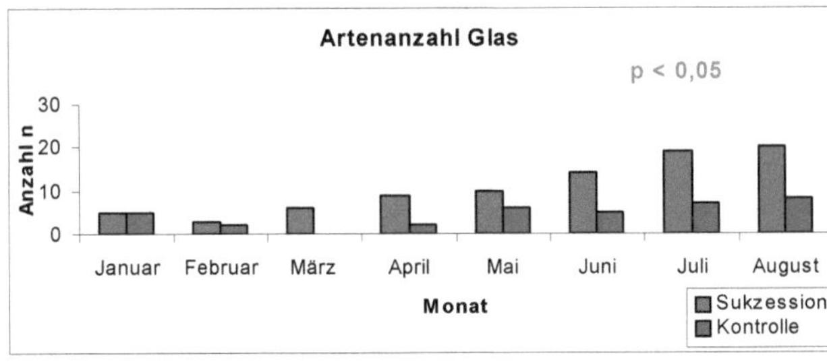

Abb. 2 Vergleich der Artenanzahl. Die rot markierten Säulen zeigen die signifikanten Unterschiede in der Artenanzahl zwischen dem Sukzessions-Ansatz (blau) und Kontroll-Ansatz (pflaumenfarben).

Der Vergleich der beiden Versuche zeigte im Hinblick auf die Artenzahl für die Substrate Beton und Ziegel signifikante Unterschiede.
Diese Unterschiede traten auf den Ziegelplatten bereits im April auf, die Zahl der Arten war in den Monaten April bis August im Vergleich von Sukzessions- und Kontroll-Ansatz signifikant unterschiedlich. Die Betonplatten der beiden genannten Versuche waren nur in den Monaten Mai und Juni eindeutig voneinander zu unterscheiden.
Bei Glas konnten keinerlei signifikante Unterschiede zwischen den beiden Versuchen festgestellt werden.

Im Vergleich der drei Substrate untereinander traten keine signifikanten Unterschiede in der Höhe der Artenzahl auf. Die Werte, die auf den Beton- und Ziegelplatten ermittelt wurden, waren im Vergleich zu denen der Glasplatten insgesamt höher.

3.2.2 Artenarealkurve

Die Artenarealkurve dient der zahlenmäßigen Erfassung von bei einer Probenahme erstmals auftretenden Arten in einem Untersuchungsgebiet und bietet eine Vergleichsmöglichkeit zwischen den im Gebiet vorhandenen und den während der Untersuchung nachgewiesenen Arten.

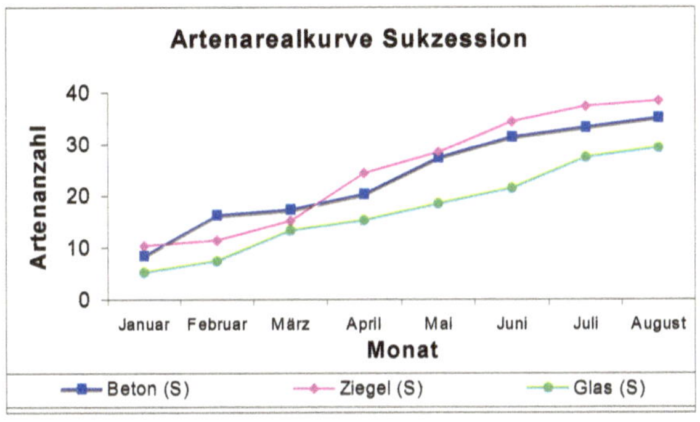

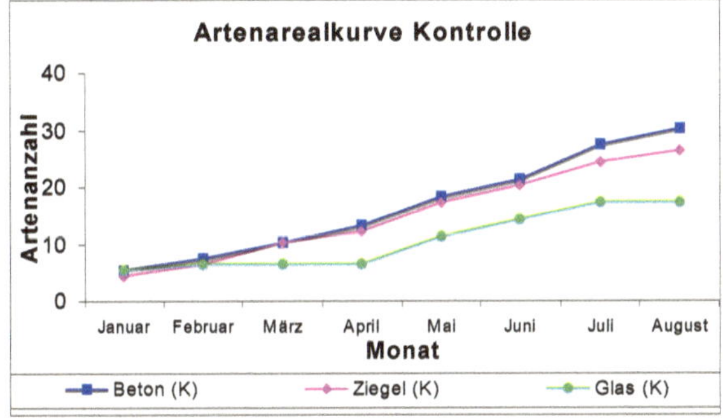

Abb. 3 Artenarealkurve. (K) = Kontrolle, (S) = Sukzession

Die Artenarealkurve stieg für alle Substrate in den beiden Versuchen an (Abb. 3). In den Monaten Juli und August schwächte sich der Anstieg leicht ab, stagnierte jedoch nicht.

Im Vergleich zwischen den beiden Versuchsansätzen war zu beobachten, daß die Werte des Sukzessions-Ansatzes stets über denen des Kontroll-Ansatzes lagen.

Die Werte für Beton und Ziegel lagen in beiden Versuchen deutlich über denen, die für Glas ermittelt wurden. Beton, Ziegel und Glas zeigten in beiden Versuchen einen ähnlichen Kurvenverlauf.

3.3 Diversität

Die Diversität H' nahm von den Frühjahrsmonaten zum Sommer auf allen Plattentypen zu (Abb. 4). In der Regel lag auf den Platten des Sukzessions-Ansatzes eine höhere Diversität vor. Im August gingen die Werte für die Substrate des Sukzessions-Ansatzes zurück, stiegen jedoch für die Kontrolle an.

Die Eveness J' nahm von Januar mit 0,8 bis August mit ca. 0,4 ab. Es lag zunächst eine annähernde Gleichverteilung in der Abundanz der Arten vor, die jedoch zum Ende des Untersuchungszeitraumes deutlich abnahm. Bei den Platten des Kontroll-Versuches nahm die Eveness zunächst ebenfalls ab, stieg jedoch im August wieder an (Tab.1).

Tab. 1 Diversitätsindex H' und Eveness J' (nach Shannon-Weaver, 1949)

Index	Januar	Februar	März	April	Mai	Juni	Juli	August
H' Beton Sukzession	0,786	0,94	0,998	0,822	0,949	1,04	0,963	0,535
Shannon Hmax Log Base 10,	0,903	1,114	1,146	1,176	1,398	1,398	1,398	1,398
Shannon J'	0,87	0,844	0,871	0,699	0,679	0,744	0,689	0,383
Index	Januar	Februar	März	April	Mai	Juni	Juli	August
H' Ziegel Sukzession	0,885	0,785	0,987	1,082	0,732	1,106	1,183	0,546
Shannon Hmax Log Base 10,	1	0,845	1,146	1,279	1,255	1,415	1,462	1,398
Shannon J'	0,885	0,929	0,861	0,846	0,584	0,781	0,809	0,391
Index	Januar	Februar	März	April	Mai	Juni	Juli	August
H' Glas Sukzession	0,673	0,477	0,519	0,855	0,534	1,023	0,917	0,774
Shannon Hmax Log Base 10,	0,699	0,477	0,699	0,903	1,041	1,146	1,301	1,301
Shannon J'	0,963	1	0,743	0,947	0,512	0,893	0,705	0,595
Index	Januar	Februar	März	April	Mai	Juni	Juli	August
H' Beton Kontrolle	0	0,268	0,857	1	0,742	0,323	0,384	0,627
Shannon Hmax Log Base 10,	0	0,301	0,954	1,079	1	1,041	1,204	1,204
Shannon J'	0	0,89	0,898	0,927	0,742	0,31	0,319	0,521
Index	Januar	Februar	März	April	Mai	Juni	Juli	August
H' Ziegel Kontrolle	0,531	0,244	0,609	0,296	0,698	0,425	0,27	0,654
Shannon Hmax Log Base 10,	0,602	0,301	0,954	0,699	0,903	0,954	1,079	1,114
Shannon J'	0,883	0,811	0,638	0,424	0,773	0,445	0,25	0,587
Index	Januar	Februar	März	April	Mai	Juni	Juli	August
H' Glas Kontrolle	0,49	0,301	0	0,301	0,434	0,699	0,751	0,726
Shannon Hmax Log Base 10,	0,699	0,301	0	0,301	0,602	0,699	0,845	0,845
Shannon J'	0,701	1	0	1	0,72	1	0,889	0,859

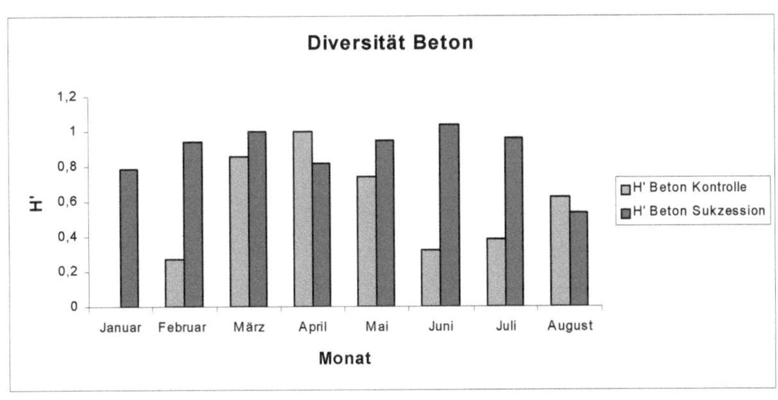

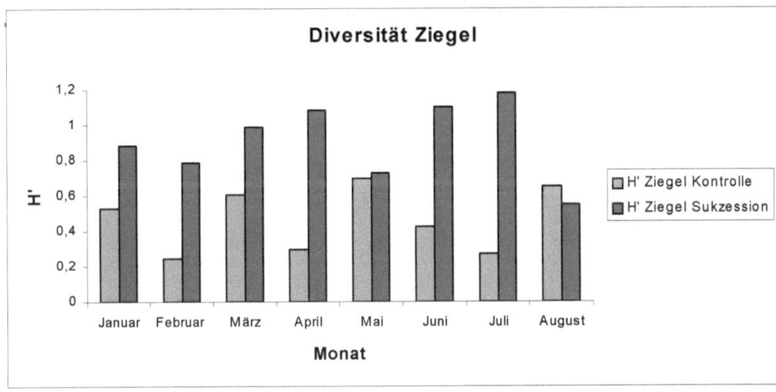

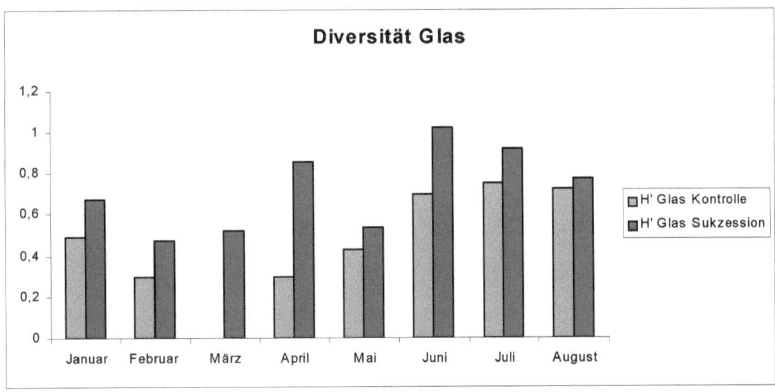

Abb. 4 Diversitätsindex H' (nach Shannon-Weaver, 1949)

3.4 Dominanz

Die Dominanzwerte wurden zunächst für größere taxonomische Einheiten ermittelt, um einen Gesamtüberblick der Veränderung der Taxa-Zusammensetzung zu ermöglichen (Abb. 5a, b).

In den ersten Monaten (Januar bis April) waren Gastropoda, Amphipoda und Isopoda auf allen Substrattypen des Sukzessions-Ansatzes dominant (Abb. 5a). Es traten auch vereinzelt Bivalvia auf, einige Exemplare von *Mytilus* sp. und *Cerastoderma* sp. konnten sowohl auf Beton und Ziegel, als auch auf Glas gefunden werden.
Im Mai traten vor allem auf Beton und Ziegel Polychaeten in großer Zahl auf. Auffällig waren dabei besonders die hohen Individuendichten der Spionidae mit *Polydora cornuta* und *P. ciliata*. In diesem Monat bedeckten *Gonothyraea loveni*, *Laomedea flexuosa* und *Electra crustulenta* mehr als 40 % der Plattenoberfläche. Der Grad der Flächendeckung durch die Hydrozoa schwächte sich in den Folgemonaten wieder ab, in den Monaten Juni und Juli waren nur noch Überreste von Stolonen und Hydrocauli zu finden, so daß eine Artdetermination nicht möglich war. Erst im August konnte *Gonothyraea loveni* wieder nachgewiesen werden. Die Flächenbedeckung durch *Electra crustulenta* nahm in den Folgemonaten stark zu und im Juli und August bedeckten die Kolonien von *E. crustulenta* auf Beton und Ziegel nahezu die gesamte Oberfläche. Auf Glas lag der Bedeckungsgrad durch die Bryozoa-Kolonien stets unter 20 % (Abb. 6).
Die hohen Individuendichten der Polychaeta gingen in den Monaten Juni, Juli und August zurück. In diesen Monaten traten zahlreiche Vertreter der Bivalvia und Cirripedia auf. Es konnten Zahlen von 700 – 800 Tieren pro Platte beobachtet werden, sowohl für *Mytilus* sp. als auch für *Balanus improvisus*. Zusammen mit *Electra crustulenta* waren sie die auffälligsten Taxa in den Sommermonaten.

Auf den Beton- und Ziegelplatten der Kontrolle dominierten in den Monaten Januar bis Mai vor allem die Isopoda (Abb. 5b). Die Amphipoda und Gastropoda bildeten einen geringeren Anteil im Vergleich der Dominanz der Taxa. Im Gegensatz dazu waren die Gastropoda auf den Glasplatten dominierend; im Februar stellten sie sogar das einzig vorhandene Taxon dar.
Die Polychaeta waren auf allen Platten nur durch wenige Individuen vertreten und zeigten im Mai keine ausgeprägte Eudominanz wie auf den Platten des Sukzessions-Ansatzes.
Ab Juni nahmen die Individuenzahlen der Cirripedia und Bivalvia zu, so daß diese Taxa in den Sommermonaten eudominant waren.

Die Hydrozoa (*Laomedea flexuosa*, *Gonothyraea loveni*) waren im Mai auf allen Substrattypen dominant und bedeckten auf den Beton- und Ziegelplatten 40 % und auf Glas 20 % der Oberfläche (Abb. 6). In den Folgemonaten nahm der Bedeckungsgrad durch die Hydrozoa ab, im Juli und August wurden nur vereinzelt Polypenstöcke nachgewiesen.

Die Kolonien von *Electra crustulenta* bedeckten auf den Platten der Kontrolle einen sehr geringen Anteil der Plattenflächen (< 5 %). Eine Ausnahme bildeten die Kolonien, die auf den Ziegelplatten im August beobachtet wurden und 25 % der Fläche einnahmen.

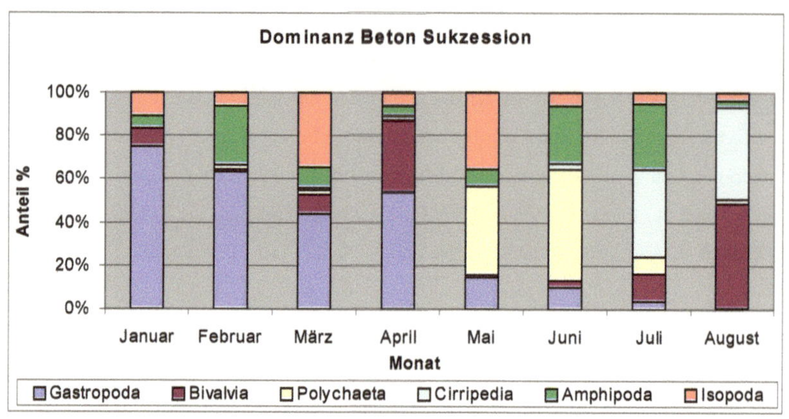

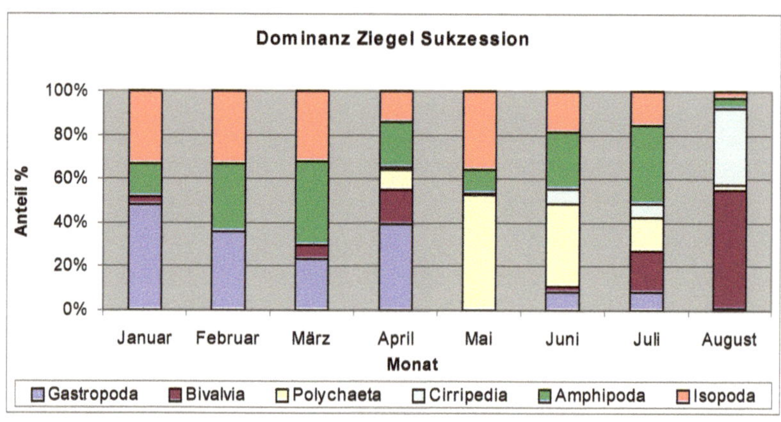

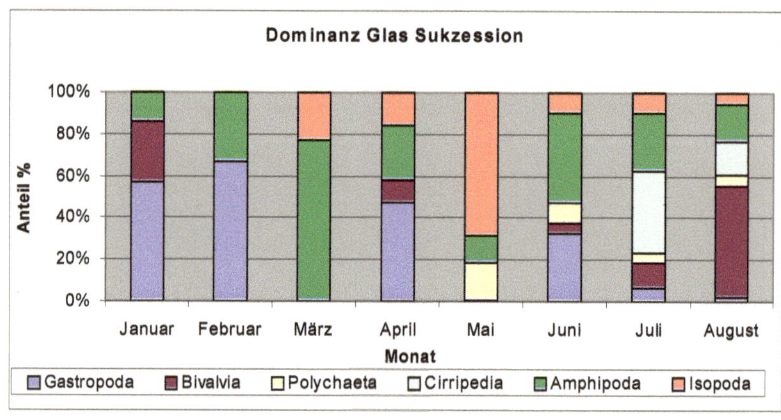

Abb. 5a Dominanz größerer taxonomischer Einheiten (Sukzessions-Ansatz)

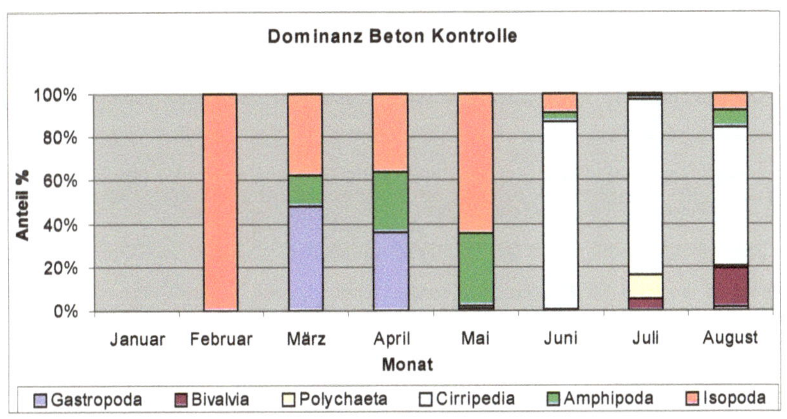

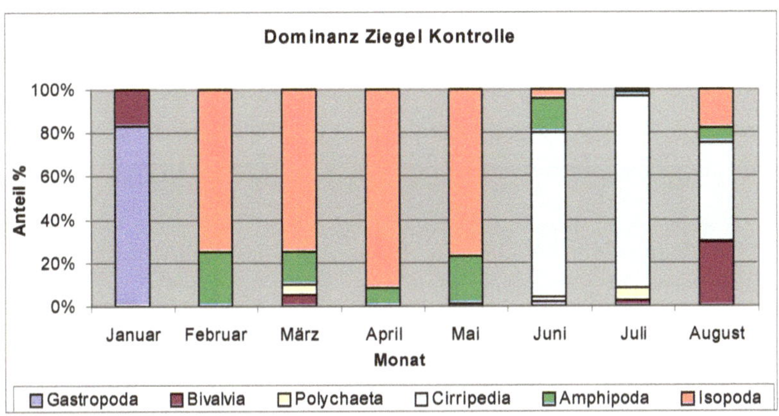

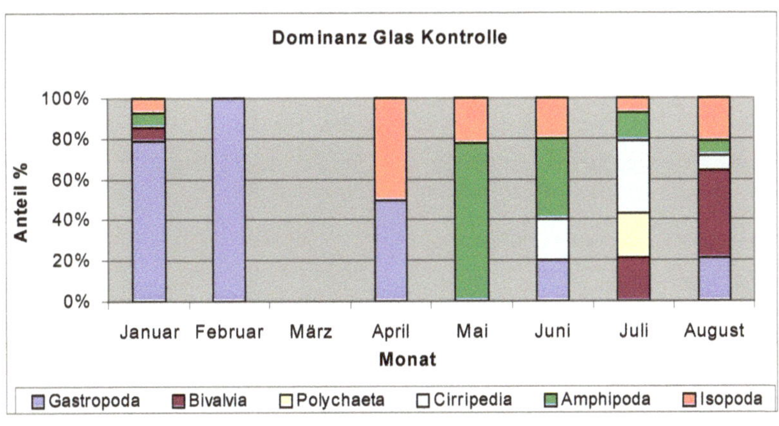

Abb. 5b Dominanz größerer taxonomischer Einheiten (Kontroll-Ansatz)

3.5 Die Taxa

Insgesamt konnten 41 Taxa nachgewiesen werden. Die auf künstlichem Hartsubstrat vorgefundene Makrofauna setzte sich aus den Cnidaria (3 Taxa), Plathelminthes (1 Taxon), Nemertini (2 Taxa), Mollusca (8 Taxa), Polychaeta (8 Taxa), Crustacea (15 Taxa), Insecta (1 Taxon), Bryozoa (2 Taxa) und Chordata (1 Taxon) zusammen.

Die Beschreibung der nachstehenden Taxa beinhaltet Angaben zu Verbreitung und Vorkommen in der Ostsee, speziell der Mecklenburger Bucht, sowie Informationen zur Lebens- und Ernährungsweise (Liste in Anhang II).

CNIDARIA (3 Taxa)

Die vorgefundenen Arten sind in der Nord- und Ostsee weit verbreitet (BROCH 1928). Der Schwerpunkt der Besiedlung lag im Mai bzw. Juni. Bei allen drei Arten handelt es sich um Tentakelfänger, die sich von verschiedenen Zoo- und Phytoplanktern ernähren (u. a. Annelida, Entomostraca, Fischlarven).

Laomedea flexuosa ADLER, 1857

Der thecate Hydroidpolyp marin-euryhalin II. Grades erträgt Salinitätsbereiche bis 8 ‰. Die Art siedelt bevorzugt auf *Fucus*-Arten, anderen Makroalgen, sessilen Tieren, Hartböden und Sand in einer Tiefe von 0,2 – 1m. In der Ostsee kommt *L. flexuosa* nördlich bis zu den Ålandinseln und östlich bis Tallin vor und weicht mit sinkendem Salzgehalt in größere Tiefen aus (BROCH 1928, SCHÖNBORN et al. 1993). Die Art war in den Monaten Mai und Juni auf den Versuchsplatten der Kontrolle zu finden und bedeckte ± 30 % der Fläche von Beton und Ziegel (Abb.6b). Auf Glas konnte die Art sowohl im Sukzessions-Ansatz als auch im Kontroll-Ansatz nur sehr selten beobachtet werden. Die Beton- und Ziegelplatten des Sukzessions-Ansatzes wiesen kaum Stöcke von *L. flexuosa* auf (Abb 6b).

Gonothyraea loveni ALLMANN, 1859

Syn.: *Laomedea loveni*

Die häufigste Polypenart des Salzhaffs (GOSSELCK & V. WEBER 1997) kommt in der Ostsee nördlich bis zu den Ålandinseln vor und ist im Finnischen Meerbusen bis Naantali nachgewiesen (BROCH, 1928). Es handelt sich um einen thecaten Hydroidpolypen marin-euryhalin III. Grades (REMANE & SCHLIEPER 1958), der Salzgehalte bis 4,2 ‰ erträgt und bis ca. 7 ‰ fertil ist (SCHÜTZ 1964, SCHÖNBORN et al. 1993). Ebenso wie die vorige Art ist *G. loveni* auf pflanzlichen Substraten und Hartböden aller Art zu finden (ZETTLER et al. 2000). *G. loveni* war in den Monaten Mai und Juni dominant und zeigte auf den Platten des Sukzessions-Ansatzes deutliche Substratpräferenz (20 % auf Beton und Ziegel und weniger als 5 % auf Glas) (Abb. 6a). Auf den Platten der Kontrolle bedeckte *G. loveni* in den Monaten Mai und Juni 10 – 35 % der Oberfläche, zeigte jedoch keine Vorliebe für eines der künstlichen Substrate. Vereinzelte Exemplare konnten im Juli und August beobachtet werden (Abb. 6b). *G. loveni* stellte die häufigste der drei Cnidaria-Arten dar.

Clava multicornis (FORSKÅL, 1775)
Syn.: *C. squamata* (MÜLLER, 1776)
Der athecate Hydroidpolyp ist marin-euryhalin III. Grades (REMANE & SCHLIEPER 1958) und in der südlichen und westlichen Ostsee, nach Osten bis zur Gdansker Bucht verbreitet (SCHÖNBORN et al. 1993, ZETTLER et al. 2000). *C. multicornis* ist im Eulitoral bis 8 m Tiefe zu finden und siedelt auf Algen (speziell *Fucus*-Arten), kann jedoch auch epizoisch auf Gastropodenschalen beobachtet werden (SCHÖNBORN et al. 1993, eigene Beobachtungen). Die Art wurde im Verlaufe der Untersuchung nur sehr selten beobachtet. Es wurden nur wenige Exemplare dieses athecaten Polypen gefunden; sie kamen ausschließlich auf den Beton- und Ziegelplatten des Sukzessions-Ansatzes vor.

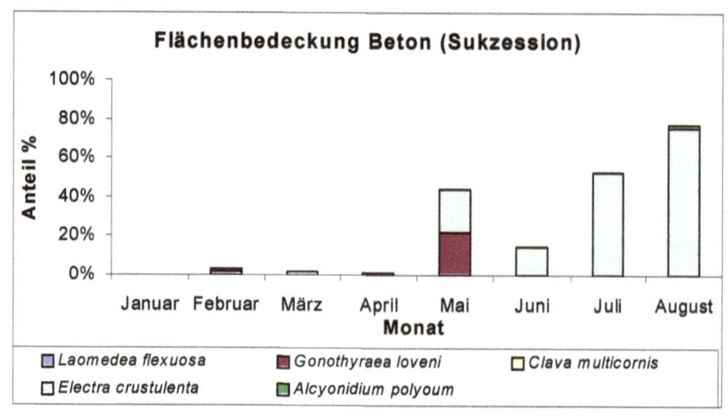

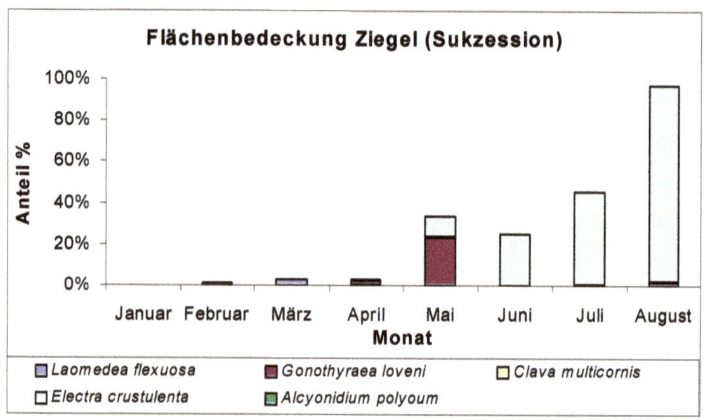

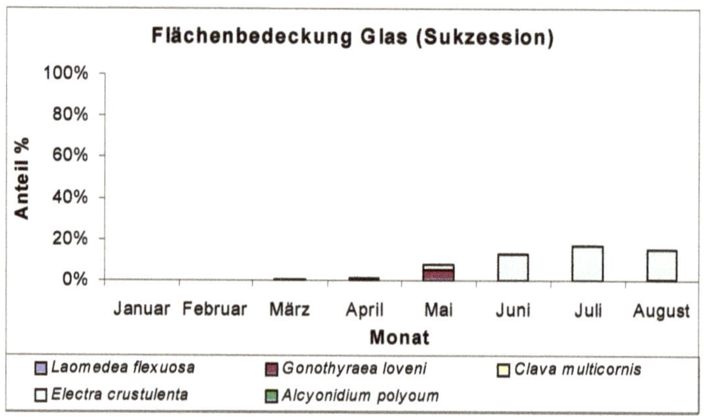

Abb. 6a Flächenbedeckung der einzelnen Substrate des Sukzessions-Ansatzes durch koloniebildende Arten

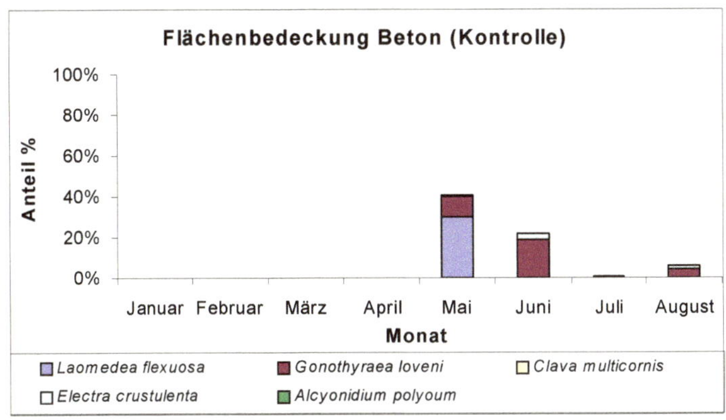

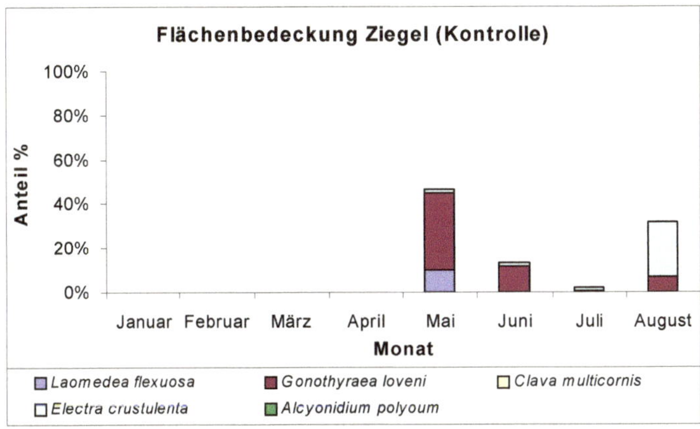

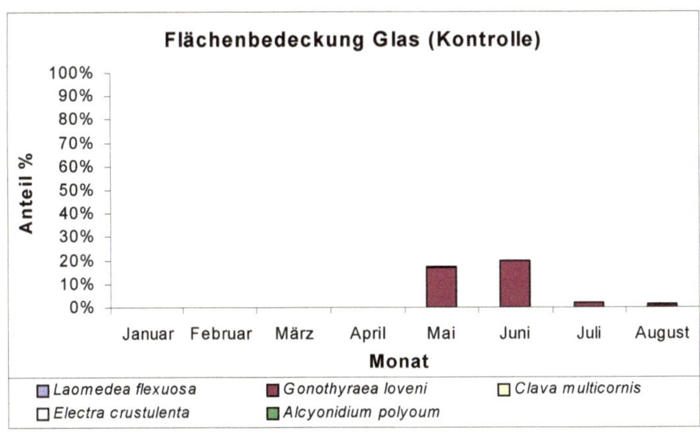

Abb. 6b Flächenbedeckung der einzelnen Substrate des Kontroll-Ansatzes durch koloniebildende Arten

PLATHELMINTHES (1 Taxon)

Turbellaria

Polycladida gen. sp.

Bei den wenigen vorliegenden Tieren handelt es sich vermutlich um eine Art einer der beiden Gattungen *Notoplana* oder *Leptoplana*. Die Tiere wurden auf den Beton- und Ziegelplatten beider Versuchsansätze beobachtet.

NEMERTINI (2 Taxa)

Lineus sp.

Die Arten dieser Gattung (*Lineus ruber, Lineus bilineatus, Lineus viridis*) leben im Flachwasser bis zu 20 m Tiefe zwischen Pflanzen und unter Steinen. Die Tiere ernähren sich carnivor und waren vor allem in den letzten Probemonaten Juni bis August auf den Platten anzutreffen. Dabei bevorzugten sie die Ziegel- und Betonplatten des Sukzessions-Ansatzes. Auf Glas wurden nur wenige Tiere gefunden.

Cephalothrix sp.

Die Arten der Gattung *Cephalothrix* ernähren sich ebenfalls carnivor und sind im Eulitoral unter Steinen und zwischen Pflanzen zu finden. Auch hier gab es Substratpräferenzen. Die Vertreter dieser Gattung wurden in den Sommermonaten vor allem auf den Beton- und Ziegelplatten des Sukzessions-Ansatzes angetroffen. Auf Glas und den Platten des Kontroll-Ansatzes konnten nur sehr vereinzelt Tiere beobachtet werden.

MOLLUSCA (8 Taxa)

Gastropoda

Der Schwerpunkt der Besiedlung der Platten durch die vagilen Gastropoda lag in den Monaten Januar bis April. In den Folgemonaten wurden nur wenige Exemplare der einzelnen Arten beobachtet. Eine Ausnahme bildete die Nacktschnecke *Tenellia adspersa*, die ausschließlich in den Sommermonaten zu finden war.

Hydrobia ulvae (PENNANT, 1777)

Als eine der häufigsten Gastropoda-Arten der Mecklenburger Bucht (ZETTLER et al. 2000) besiedelt *H. ulvae* alle Sedimente bis auf Faulschlamm (OLENIN 1997, GOSSELCK & v. WEBER 1997). Die Art kann bis in 50 m Tiefe vordringen, bevorzugt jedoch das Flachwasser des Küstenbereichs und besiedelt im Gegensatz zu den anderen *Hydrobia*-Arten noch mäßig exponierte Gebiete. Sie ist ein typischer Substratfresser (OLENIN 1997), wobei die Größe der aufgenommenen Partikel mit der Schalengröße korreliert (JAGNOW & GOSSELCK 1987). *H. ulvae* ist schalenmorphologisch und anatomisch (Rüssel- und Tentakelpigmentierung, Bau des Kopulationsorgans) gut von ihrer Schwesterart *H. ventrosa* zu unterscheiden (siehe JAGNOW & GOSSELCK 1987). Die Tiere wurden vorwiegend in den Frühjahrsmonaten auf den Platten gefunden und waren zu dieser Zeit eudominant (Anhang I). Eine auffällige Eudominanz lag vor allem im April vor. Die Abundanzen waren auf den Ziegel- und Betonplatten stets höher als auf den Glasplatten, im Vergleich der beiden Versuche konnten auf den Platten des Sukzessions-Ansatzes höhere Individuendichten beobachtet werden.

Hydrobia ventrosa (MONTAGU, 1803)

Syn.: *Hydrobia stagnorum*

H. ventrosa ist vor allem in den inneren Küstengewässern sehr häufig anzutreffen (GOSSELCK & v. WEBER 1997, ZETTLER et al. 2000), da sie bevorzugt in lenitischen Bereichen vorkommt und alle Sedimente bis auf Faulschlamm besiedelt. *H. ventrosa* ist wie ihre Schwesterart ein Weidegänger, der sich vornehmlich von Diatomeen ernährt (OLENIN 1997, JAGNOW & GOSSELCK 1987). In den Monaten Februar und April war *H. ventrosa* mit Werten bis zu 35 % eudominant (Anhang I). In den Sommermonaten nahm die Anzahl der Tiere deutlich ab (13 Tiere im Mai, 1 im August). Es wurden wie bei *H. ulvae* höhere Abundanzen auf den Platten des Sukzessions-Ansatzes beobachtet, die Tiere bevorzugten dabei die Substrate Beton und Ziegel.

Littorina littorea (LINNAEUS, 1758)

L. littorea (Höhe bis 24 mm) ist marin-euryhalin II. Grades (REMANE & SCHLIEPER 1958) und von der Kieler Bucht bis Bornholm in den Küstengewässern bis in 15 m Tiefe verbreitet. Die Art ist ein typischer Bewohner des steinigen Eulitorals und des Phytals (REMANE 1940), kommt jedoch auch auf sandigen und schlickigen Böden vor. Ebenso vielfältig ist die Ernährungsweise dieser Schnecke. *L. littorea* ist nicht nur ein Weidegänger, sondern ernährt sich auch carnivor oder als Suspensionsfresser (JAGNOW & GOSSELCK 1987). In den Monaten Januar und Februar war *L. littorea* auf den Platten besonders häufig. Die Tiere bevorzugten dabei deutlich die Beton- und Ziegelplatten des Sukzessions-Ansatzes und zählten in diesen Monaten mit 5 Exemplaren je Platte klar zu den eudominanten Arten. In den Folgemonaten wurden nur noch vereinzelt Tiere nachgewiesen.

Littorina saxatilis (OLIVI, 1792)

L. saxatilis (Höhe bis 9mm) weidet an Kleinalgen und *Fucus*-Thalli und bevorzugt das Phytal als Lebensraum, kommt aber an steinigen, ruhigen Küsten mit *L. littorea* gemeinsam vor (JAGNOW & GOSSELCK 1987). Sie ist von der Fehmarnbucht bis Bornholm verbreitet und geht von den *Littorina*-Arten am höchsten über den Wasserspiegel. Von den beiden *Littorina*-Arten war *L. saxatilis* häufiger auf den Versuchsplatten zu finden und zeigte die höchsten Abundanzen auf den Beton- und Ziegelplatten des Sukzessions-Ansatzes. Die Art war in den Frühjahrsmonaten, besonders im Februar und März, eudominant; es konnten in dieser Zeit sieben Individuen auf einer Beton- bzw. Ziegelplatte gefunden werden (Anhang I).

Theodoxus fluviatilis (LINNAEUS, 1758)

Eine vorwiegend limnische Schnecke aus der Familie der Neritidae, die bis 17 ‰ in das Brackwasser eindringt (JAGNOW & GOSSELCK 1987). Sie siedelt auf Steinen, Felsen, Sand und Vegetation und weidet deren Aufwuchs ab (OLENIN 1997), ab Rügen kommt *T. fluviatilis* regelmäßig auf Hartsubstrat vor (ZETTLER et al. 2000). Im April wurden besonders viele Tiere auf den Versuchsplatten gefunden. Mehr als 20 Tiere konnten auf den Betonplatten gezählt werden, auf den Ziegelplatten waren es zu diesem Zeitpunkt mehr als 10. Auf den Glasplatten hingegen kamen nur wenige Exemplare vor. Die hohen Individuenzahlen waren auf die Platten des Sukzessions-Ansatzes beschränkt. Zwar war *T. fluviatilis* auch auf den Platten des Kontroll-Ansatzes eudominant, jedoch war diese Eudominanz nicht so deutlich ausgeprägt und die Abundanzen stets geringer im Vergleich zu dem Versuch zur kontinuierlichen Entwicklung (Anhang I).

Tenellia adspersa (NORDMANN, 1844)

Syn.: *Embletonia pallida* (ALDER & HANCOCK, 1854); *Tenellia ventilabrum* (DALYELL, 1853) Die Nacktschnecke ist im Mittelmeer, der europäischen Atlantikküste bis in die Ostsee verbreitet (marin-euryhalin III. Grades) und lebt auf Algen und Hydroidpolypen. Sie ernährt sich carnivor durch Abweiden dieser Hydroidpolypen (SCHMEKEL & PORTMANN 1982, ARNDT 1989, GATTI 1996). Die Art trat vermehrt in den Monaten Juni, Juli und August auf den Platten und den verbliebenen Hydrocauli der Hydroidpolypen auf. Zwischen 6 und 10 Exemplare konnten im Juli und August auf den Beton- und Ziegelplatten beobachtet werden. Auf den Glasplatten hingegen waren es zur gleichen Zeit nur 1 – 2 Tiere. Die Platten des Kontroll-Ansatzes zeigten mit nur gelegentlichen Funden noch geringere Abundanzen.

Bivalvia

Mytilus sp. kam in den Sommermonaten in dichten Trauben auf den Platten vor (mehrere hundert Individuen) und war eines der dominantesten Taxa. Im Gegensatz dazu wurden nur wenige Individuen der Gattung *Cerastoderma* beobachtet.

Cerastoderma sp.

In der Ostsee und die Mecklenburger Bucht sind sowohl *Cerastoderma edule* (LINNAEUS, 1758) als auch *Cerastoderma lamarcki* (REEVE, 1844) nachgewiesen (ZETTLER et al. 2000). Aufgrund der geringen Größe der vorgefundenen Exemplare war es nicht möglich, die Tiere der einen oder anderen Art eindeutig zuzuordnen. Beide Arten kommen auf Sandböden vor und bevorzugen den Flachwasserbereich (HAAS 1926, JAGNOW & GOSSELCK 1987). *C. lamarcki* ist im Gegensatz zu ihrer Schwesterart in der Lage mit Hilfe der ausgeschiedenen Byssusfäden im Phytal zu klettern. Die wenigen Individuen dieser Gattung wurden auf den Platten des Sukzessions-Ansatzes beobachtet. In den Monaten April und August konnten auf den Beton- und Ziegelplatten durchschnittlich vier Exemplare gefunden werden. In den übrigen Monaten kam *Cerastoderma* sp. nicht oder nur vereinzelt vor.

Mytilus sp.

Die Arten der Gattung *Mytilus* sind taxonomisch umstritten (z. B. MARTINEZ-LAGE et al. 1996, SCHRÖDER 1999). In der Ostsee könnte es sich um *M. edulis* (LINNAEUS, 1758) oder *M. trossulus* (GOULD, 1850) handeln. Die Miesmuschel ist die häufigste Molluskenart der Mecklenburger Bucht (GOSSELCK & v. WEBER 1997, ZETTLER et al. 2000) und ist in der

Ostsee bis in den Finnischen und Bottnischen Meerbusen verbreitet. Sie kommt bei ausreichenden Anheftungsmöglichkeiten auf allen Sedimenten und im Phytal vor und bildet regelmäßig Muschelbänke aus (REMANE 1940, SCHÜTZ 1964, ZETTLER et al. 2000). Jedoch liegt der niedrigste Biomassedurchschnitt auf Weichböden (JAGNOW & GOSSELCK 1987). Vor allem in den Sommermonaten erreichte die Art enorm hohe Abundanzen, im August mit über 700 – 800 Tieren, die in dichten Trauben auf den Beton- und Ziegelplatten des Sukzessions-Ansatzes zu finden waren (Anhang I). Es handelte sich zumeist um juvenile Tiere, die nur eine geringe Schalengröße (< 0,5 cm) aufwiesen. Die Abundanzen auf den Glasplatten fielen mit 80 Tieren zu diesem Zeitpunkt deutlich geringer aus. Auf allen drei Substrattypen des Sukzessions-Ansatzes stellte *Mytilus* sp. in den Monaten Juli und August 50 % der vorgefundenen Arten. Auf den Platten der Kontrolle war *Mytilus* sp. ebenfalls eudominant, jedoch lagen die Werte stets unter denen des Sukzessions-Ansatzes, auch die Abundanzen waren deutlich geringer. Auf den Beton- und Ziegelplatten der Kontrolle konnten in den Monaten Juli und August zwischen 20 – 45 Miesmuscheln beobachtet werden, auf Glas waren es zu diesem Zeitpunkt zwei Tiere. Es lag eine deutliche Substratpräferenz vor.

„POLYCHAETA“ (8 Taxa)

Die Sabellidae und Spionidae traten im Mai und Juni mit sehr hohen Individuendichten auf, v.a. auf den Beton- und Ziegeplatten des Sukzessions-Ansatzes. Auf den Glasplatten sowie den Substraten des Kontroll-Ansatzes konnten nur wenige Individuen beobachtet werden. Der häufigste Vertreter der Nereidae war *Platynereis dumerilii.*

Fabricia stellaris (MÜLLER, 1774)

Syn. *Fabricia sabella* (EHRENBERG, 1836)

F. stellaris ist ein Vertreter der Sabellidae, der von der Kieler Buch bis zu den Åland-Inseln in lenitischen Bereichen, Flußmündungen und inneren Küstengewässern lebt. Häufig trifft man ihn im Epiphytal und Epilithion sowie im Pfahlbewuchs an (OLENIN 1997). *F. stellaris* ist ein euryhaliner Suspensionsfresser, der bis in den oligohalinen Bereich des Brackwassers vordringt (marin-euryhalin III. Grades) (REMANE & SCHLIEPER 1958). *F. stellaris* wurde vor allem im Juni und Juli auf den Platten des Sukzessions-Ansatzes beobachtet. Fünfundzwanzig Tiere konnten zu dieser Zeit auf den Beton- und Ziegelplatten nachgewiesen werden. Auf Glas wurden keine Exemplare gefunden, die Art wies eine deutliche Substratpräferenz auf.

Auf den Platten des Kontroll-Versuches wurde *F. stellaris* nur sehr selten beobachtet (jeweils ein Tier auf den Ziegelplatten im März und Juli).

Polydora ciliata JOHNSTON, 1838

P. ciliata ist für die Kieler und Mecklenburger Bucht nachgewiesen (PRENA et al. 1997, ZETTLER et al. 2000), selten auch bis zur Arkonasee. Der hemisessile röhrenbewohnende Spionide siedelt im Endolithion (primärer und sekundärer Hartboden), ist aber auch im Endopelos nicht selten. Er ist ein marin-euryhaliner Suspensions- und selektiver Substratfresser, der bis in oligohaline Bereiche vordringt (REMANE & SCHLIEPER 1958), kann sich dort jedoch nicht fortpflanzen (BICK & GOSSELCK 1985). Auf den Substraten der Kontrolle wurden während des gesamten Untersuchungszeitraumes keine Vertreter dieser Art beobachtet. Auf den Platten des Sukzessions-Ansatzes fiel *P. ciliata* besonders im Mai durch hohe Abundanzen auf (Anhang I). Fünfzig bis hundertzwanzig Tiere konnten in diesem Monat gezählt werden, die Art war mit 30 % der vorgefundenen Arten eudominant. Dies galt jedoch nur für die Beton- und Ziegelplatten, auf Glas fielen die Abundanzen mit 12 Individuen und auch die Dominanz deutlich geringer aus. Es lag eine deutliche Substratpräferenz vor.

Polydora cornuta BOSC, 1802

syn. *Polydora ligni* WEBSTER, 1879

Ein weiterer Vertreter der Spionidae, der von der Kieler Bucht bis zur Mecklenburger Bucht und im Pfahlbewuchs der Warnow nachgewiesen ist (BICK & GOSSELCK, 1985, ZETTLER et al. 2000). *P. cornuta* lebt in Röhren, die in tonigen und schlickigen Weichböden angelegt werden. Der euryhaline Suspensionsfresser toleriert Salzgehalte bis 2 ‰ und ist bis in den meso- und oligohalinen Bereich des Brackwassers verbreitet (BICK & GOSSELCK, 1985). *P. cornuta* zeigte in den Monaten Mai und Juni eudominante Präsenz auf den Beton- und Ziegelplatten (Anhang I). Fünfundzwanzig bis sechzig Tiere konnten in diesen Monaten beobachtet werden. Die Abundanzen fielen auf den Platten der Kontrolle geringer aus, hier konnten 14 – 34 Tiere gezählt werden. Auf den Glasplatten der beiden Ansätze wurden nur vereinzelt Exemplare von *P. cornuta* gefunden, die Art bewies damit deutliche Substratpräferenzen.

Pygospio elegans CLAPARÈDE, 1863

Ein hemisessiler Suspensions- und selektiver Epistratfresser, der bevorzugt im Endopsammal und häufig auch in Mischsedimenten lebt und von der westlichen bis in die östliche Ostsee, Finnischen Meerbusen und Ålandsee vorkommt (BICK & GOSSELCK 1985, OLENIN 1997, PRENA et al. 1997). Während der gesamten Untersuchung wurden insgesamt zwei Vertreter dieser marin-euryhalinen Art III. Grades (REMANE & SCHLIEPER 1958) auf einer Beton- und einer Ziegelplatte des Sukzessions-Ansatzes vorgefunden.

Platynereis dumerilii (AUDOUIN & MILNE-EDWARDS, 1834)

Der Nereide lebt v. a. im Phytal in dünnen, häutigen Röhren, kommt jedoch auch im Mesolithion und auf Sand- und Weichböden vor (BICK & GOSSELCK 1985). Die Population des Salzhaffs gilt als einziges Vorkommen in der Mecklenburger Bucht (ZETTLER et al. 2000). Maximal 16 Individuen konnten auf den Beton- und Ziegelplatten des Sukzessions-Ansatzes in den Monaten Juli und August beobachtet werden. Auf den Glasplatten und den Substraten der Kontrolle kamen nur wenige Tiere vor.

Nereis (Hediste) diversicolor (O.F. MÜLLER, 1776) und *Nereis (Neanthes) succinea* (FREY & LEUCKART, 1847)

Die beiden omnivoren Arten sind auf allen Sedimenten zu finden und tolerieren oligohaline Salinitäten (REMANE & SCHLIEPER 1958, OLENIN 1997, BICK & GOSSELCK, 1985). Es konnten nur wenige Individuen beider Arten beobachtet werden, sie waren ausschließlich auf den Platten des Sukzessions-Ansatzes zu finden.

Harmothoe impar (JOHNSTON, 1839)

Der räuberische Polynoide ist auf sandigen und schlickigen Sedimenten sowie Algenrhizoiden des Eulitorals zu finden (BICK & GOSSELCK 1985). *H. impar* toleriert mesohaline Salinitäten und war nur auf den Platten des Sukzessions-Ansatzes zu beobachten. In den Monaten Juli und August wurden durchschnittlich drei bis sechs Tiere auf den Platten dieses Ansatzes beobachtet.

„OLIGOCHAETA“

Die Vertreter der Oligochaeta wurden aufgrund ihrer geringen Größe der Meiofauna zugeordnet und nicht weiter bearbeitet. In den Sommermonaten kam es besonders auf den Platten des Sukzessions-Ansatzes zu erhöhten Abundanzen.

CRUSTACEA (15 Taxa)

Decapoda

Palaemon squilla (RATHKE, 1843)

Es handelt sich um eine marin-euryhaline Art, die Salzgehalte über 5 ‰ benötigt und sich von Detritus, Algen, Polychaeten, Crustacea, kleinen Mollusca und Fischbrut ernährt und im Sommer im Phytal flacher Küstengewässer zu finden ist (KÖHN & GOSSELCK 1989, GOSSELCK & v. WEBER 1997, ZETTLER et al. 2000). Von dieser Art wurde im Juni auf einer Betonplatte des Kontroll-Ansatzes ein einzelnes Exemplar gefunden.

Cirripedia

Balanus improvisus DARWIN, 1854

Der Schwerpunkt der Besiedlung dieser Art liegt auf Steinen des Flachwasserbereichs in der Nordsee und in fast der gesamten Ostsee, wo sie sehr hohe Abundanzen entwickelt (REMANE 1940, SUBKLEW 1961 und 1969, SUBKLEW & THOMASCHKY 1963, SCHÜTZ 1964, OLENIN 1997, ZETTLER et al. 2000). *B. improvisus* strudelt mit Hilfe der dicht beborsteten Thorakopoden Plankton als Nahrung herbei. Bei großer Besiedlungsdichte kommt es nur in Ausnahmefällen zu einem Aufeinandersitzen, Turmwachstum ist bei dieser Art nur schwach ausgeprägt (LUTHER 1987), die Larven dieser Art sind pelagisch. *B. improvisus* entwickelte auf allen Platten der beiden Versuche sehr hohe Populationsdichten. Der Spitzenwert lag im August mit weit über 700 Tieren auf den Betonplatten des Sukzessions-Ansatzes. Auf den Platten dieses Versuches stieg die Anzahl der Tiere von Juni kontinuierlich an. Die Abundanzen waren auf den Beton- und Ziegelplatten stets höher als auf Glas; die Individuenzahlen erreichten auf Glas nie dreistellige Werte. Auf allen drei Substraten dieses Ansatzes war *B. improvisus* ab Juli mit Werten zwischen 30 % und 50 % eudominant (Anhang I). Auf den den Platten der Kontrolle war diese Eudominanz noch deutlicher ausgeprägt, die Abundanzen jedoch geringer (max. 250 Tiere). Im Juni stellte *B. improvisus* vor allem auf den Beton- und Ziegelplatten 90 % aller vorgefundenen Arten.

Diese starke Dominanz ging im Juli und August zurück und sank unter 50 %. Die Abundanzen sanken ebenfalls von durchschnittlich 250 Tieren im Juli auf 60 – 70 Tiere im August. Die Individuenzahlen lagen auf Glas insgesamt niedriger und zeigten die gleiche abnehmende Entwicklung. *B. improvisus* zeigte deutliche Sustratpräferenz.

Amphipoda

Da die Vertreter der Amphipoda sehr mobil waren, kam es bereits bei der Probenahme zu hohen Verlusten, da die Tiere häufig flüchteten. Die Angaben zur Abundanz sind daher differenziert zu betrachten und nur bedingt aussagefähig.

Calliopius laeviusculus (KRØYER, 1838)

Eine marin-euryhaline Art III. Grades (REMANE & SCHLIEPER 1958), die in der gesamten Ostsee bis SW-Finnland nachgewiesen ist und niedrige Salzgehalte bei niedrigen Temperaturen und günstigen Nahrungsbedingungen kompensieren kann (KÖHN & GOSSELCK 1989). *C. laeviusculus* bewohnt exponierte Phytalzonen, Molen, Hafenanlagen und große Steine (GOSSELCK & V. WEBER 1997, ZETTLER et al. 2000). Im Flachwasser können teilweise sehr hohe Dichten erreicht werden (KÖHN & GOSSELCK 1989). Die Abundanzen lagen für beide Versuche recht niedrig, die Art wurde während der ersten Hälfte der Untersuchung gefunden (Januar bis April). Die wenigen Individuen reichten zu diesem Zeitpunkt aus, um auf den Platten beider Ansätze Eudominanz aufzuweisen (Anhang I).

Corophium insidiosum CRAWFORD, 1937

Ein Röhrenbewohner des Phytals und Hartböden (REMANE 1940, ZETTLER et al. 2000). Die Art ist sehr euryök in Bezug auf Substrat, Salzgehalt (REMANE & SCHLIEPER 1958) und Trophiegrad und ist in der Kieler, Lübecker, Wismarer und Mecklenburger Bucht zu finden. Die Reproduktion findet in der Zeit von April bis Oktober statt, mit einem nahtlosen Übergang zwischen den Generationen (KÖHN & GOSSELCK 1989). Während der Untersuchung wurden immer wieder eiertragende Weibchen beobachtet und auch Jungtiere in den Monaten April und Mai, Juli und August gefunden. Die Art konnte mit wechselnden Populationsdichten über den gesamten Probenzeitraum beobachtet werden und zeigte kaum Substratpräferenzen (Anhang I).

Gammarus zaddachi SEXTON, 1912, *Gammarus oceanicus* SEGERSTRALE, 1947 und *Gammarus salinus* SPOONER, 1947

Die drei Vertreter der omnivoren Gammaridae leben im Phytal, zwischen Steinen oder in den *Mytilus*-Aggregaten, glatte Schlick- und Sandflächen werden gemieden (SCHÜTZ 1964, KÖHN & GOSSELCK 1989, OLENIN 1997, ZETTLER et al. 2000). Aufgrund der hohen Mobilität der Gammariden war eine quantitative Erfassung oder eine Beobachtung von Substratpräferenzen nur mit Einschränkungen möglich. Die meisten Individuen wurden in den Sommermonaten beobachtet, erreichten aber keine hohen Dichten (durchschnittlich 3 – 6 Tiere) (Abbildungen zu *G. zaddachi* im Anhang I).

Microdeutopus gryllotalpa DA COSTA, 1853

Der Substratfresser *M. gryllotalpa* ist in den Küstengewässern sehr verbreitet und erreicht oft hohe Abundanzen (KÖHN & GOSSELCK 1989, ZETTLER et al. 2000). Die Art wurde in den Monaten und Juni, Juli und August auf allen Plattentypen gefunden. Die Abundanzen lagen auf den Beton- und Ziegelplatten mit durchschnittlich 20 Tieren stets über den Individuenzahlen, die auf Glas ermittelt wurden (2 – 6). Die Dichte war auf den Platten des Sukzessions-Ansatzes stets höher verglichen mit den Platten der Kontrolle. In den Monaten Juni und Juli war *M. gryllotalpa* auf allen Platten dominant bzw. eudominant (Anhang I).

Bathyporeia sp.

Gattung *Bathyporeia* LINDSTRÖM, 1855

Es wurde nur ein Exemplar dieser Gattung während der gesamten Untersuchung gefunden (im März auf einer Ziegelplatte des Sukzessions-Ansatzes). Für die Ostsee werden nach der Literatur die Arten *B. guilliamsoniana, B. elegans, B. tenuis, B. pilosa, B. sarsi, B. pelagica* u. *B. robertsoni* angegeben (KÖHN & GOSSELCK 1989).

Melita palmata (MONATAGU, 1804)

M. palmata ist eine marin-euryhaline Art III. Grades (REMANE & SCHLIEPER 1958), die im flachen Wasser bis in 10 m Tiefe zwischen Algen (*Fucus, Cladophora*), Seegras und unter Steinen und Schill lebt (KÖHN & GOSSELCK 1989). Die Art besiedelte mit bis zu 10 Tieren im Juni, Juli und August die Beton- und Ziegelplatten des Sukzessions-Ansatzes. Auf Glas wurden nur wenige Individuen beobachtet; auch auf den Substraten der Kontrolle konnten nur sehr selten Vertreter dieser Art angetroffen werden.

Tanaidacea

Heterotanais oerstedi (KRØYER, 1842)

Eine genuine Brackwasserart flacher Küstengewässer und Ästuare, die stellenweise sehr häufig auftreten kann (ZETTLER et al. 2000). *H. oerstedi* ist ein selten schwimmender Röhrenbewohner des Phytals, zwischen Hartbodenaufwuchs (SCHÜTZ 1964) und auf Schlick und ernährt sich detritivor (KÖHN & GOSSELCK 1989). Die Art wurde nur auf den Platten des Sukzessions-Ansatzes nachgewiesen und kam dort mit bis zu 10 Individuen zwischen *Balanus improvisus* und *Electra crustulenta* vor.

Isopoda

Jaera albifrons LEACH, 1814

In der Ostsee kommen drei Unterarten von *J. albifrons* vor, *Jaera albifrons syei* BOCQUET, 1950; *Jaera albifrons ischiosetosa* FORSMAN, 1949 und *Jaera albifrons praehirsuta* FORSMAN, 1949. Es wurde keine weitere Trennung dieser extrem euryhalinen Art vorgenommen (REMANE & SCHLIEPER 1958). *J. albifrons* ist von Nord-Norwegen bis in das Schwarze Meer verbreitet und in Nord- und Ostsee häufig zu beobachten. Sie ist ein typischer Bewohner des oberen Litorals (REMANE 1940, SCHÜTZ 1964), der selten in größeren Tiefen als 20 m zu finden ist. Die Art ist ohne Schwimmvermögen und kann sehr oft auf *Mytilus*-Aggregaten angetroffen werden (REMANE 1940, SCHÜTZ 1964, KÖHN & GOSSELCK 1989, ZETTLER et al. 2000). *J. albifrons* ernährt sich omnivor, bevorzugt jedoch die herbivore Ernährungsweise als Diatomeenweider. Die Art war in den Monaten Januar bis April eudominant, sowohl auf den Platten des Sukzessions-Ansatzes als auch auf den Platten der Kontrolle (Anhang I). Die Abundanzen dieser mobilen Art waren jedoch niedrig, es wurden niemals mehr als 10 Tiere je Platte beobachtet.

Idotea chelipes (PALLAS, 1772)

Diese sehr mobile Isopoda-Art ist im gesamten Gebiet der Ostsee zu finden und nur in einigen Teilen des Finnischen und Bottnischen Meerbusens fehlend. *I. chelipes* bevorzugt geschützte Stillwasserzonen von Bodden und Haffen und kann dort sehr hohe Individuendichten entwickeln (ZETTLER et al. 2000). Es handelt sich um eine genuine euryhaline Brackwasserart, die ein typischer Bewohner des Phytals ist, aber auch in Hartbodenzönosen zu finden ist. Die Reproduktion erfolgt von Mai bis August, die Jungtiere besiedeln filamentöse Algen (KÖHN & GOSSELCK 1989). Im April war *I. chelipes* auf den Platten beider Ansätze klar eudominant (Anhang I). Vor allem auf den Platten der Kontrolle erreichte die

Art zu diesem Zeitpunkt mit max. 90 % sehr hohe Dominanzwerte. Die Individuenzahlen lagen dabei stets unter 20 Stück je Platte. Diese Dichte wurde jedoch nur im August beobachtet, in den vorausgegangenen Monaten waren die Individuenzahlen geringer. Im Mai waren besonders viele Jungtiere auf den Platten und zwischen den Hydroidpolypen zu beobachten. Der Schwerpunkt der Abundanz lag bei den Juvenilen auf den Platten des Sukzessions-Ansatzes.

Sphaeroma hookeri LEACH, 1814

Eine wärmeliebende, genuine Brackwasserart (REMANE UND SCHLIEPER 1958), die erst spät in die Ostsee eingewandert ist (Verbreitung von Süd-Schweden bis West-Afrika). Sie bewohnt flache, sandige Gebiete und Phytalzonen, aber auch Hartböden und ist von der Kieler bis zur Gdansker Bucht zu finden (SCHÜTZ 1964, ZETTLER et al. 2000). Tagsüber ist sie unter Steinen, Muschelschalen u. a. verborgen und meist nachts in Bewegung. Dabei schwimmt *S. hookeri* mit dem Rücken nach unten und kugelt sich bei Gefahr ein. Die Ernährungsweise erfolgt omnivor (KÖHN & GOSSELCK 1989). Die Individuen von *S. hookeri* wurden vor allem auf den Beton- und Ziegelplatten beobachtet, im Vergleich der beiden Versuche waren die Zahlen auf den Substraten der Kontrolle niedriger. Ein Schwerpunkt der Abundanz lag im Mai, die Art erreichte auf den Platten der Kontrolle mit Zahlen von durchschnittlich 10 Tieren pro Platte eine Eudominanz von 30 % (Anhang I). Obwohl die Individuendichten auf den Platten des Sukzessions-Ansatzes höher lagen und zum August sogar weiter anstiegen, war *S. hookeri* auf den Substraten dieses Versuchs nicht dominant.

Cyathura carinata (Krøyer, 1847)

Vertreter des Endopelos bis in 10 m Wassertiefe, v.a. auf Böden, die vegetabile Reste aufweisen (ZETTLER et al. 2000). Diese genuine Brackwasserart (REMANE & SCHLIEPER 1958) lebt tagsüber in vertikalen Gängen und ist in der westlichen und südlichen Ostsee bis zur Gdansker Bucht in den inneren Küstengewässern zu finden (KÖHN & GOSSELCK 1989, ZETTLER et al. 2000). Nur einzelne Exemplare konnten in den Monaten Juli und August auf den Ziegelplatten des Sukzessions-Ansatzes beobachtet werden.

INSECTA (1 Taxon)

Zuckmücken-Larven wurden auf allen Substraten vorgefunden, erreichten jedoch keine hohen Individuenzahlen während des Untersuchungszeitraumes (< 5 Individuen).

TENTACULATA

Bryozoa (2 Taxa)

Electra crustulenta (PALLAS, 1766)

Der Suspensionsfresser ist im Brackwasser der ganzen Nordseeküste und der Ostsee bis in den Bottnischen Meerbusen sowie in Flußmündungen zu finden (REMANE & SCHLIEPER 1958, SUBKLEW & THOMASCHKY 1963, SCHÜTZ 1964, ARNDT 1965, OLENIN 1995 u. 1997). *E. crustulenta* bildet an Steinen und Pflanzen des Sublitorals großflächige Kolonien (OLENIN 1995 u. 1997). Die ersten gößeren Kolonien von *E. crustulenta* konnten ab April und Mai beobachtet werden, der Flächenanteil nahm bis August stetig zu (Abb. 6a, b). Auf den Beton- und Ziegelplatten des Sukzessions-Ansatzes betrug die Flächenbedeckung durch die Bryozoa zwischen 80 % und 90 %, auf Glas waren es dagegen nur 15 % (Abb. 6a). Die Platten des Kontroll-Versuches wiesen eine noch geringere Flächenbedeckung auf (Abb. 6b). Hier lagen die Werte in der Regel zwischen 2 % und 3 %, einzige Ausnahme waren die Ziegelplatten im August (25 %). *E. crustulenta* zeigte eine deutliche Substratpräferenz und war vor allem auf den Platten des Sukzessions-Ansatzes zu finden.

Alcyonidium polyoum (HASSALL)

Die krustenbildende Bryozoa-Art kommt in der Nordsee und der Ostsee vor und überzieht dort Algen, Steine und Muschelschalen. Kolonien wurden nur auf den Beton- und Ziegelplatten des Sukzessions-Ansatzes gefunden; sie waren sehr klein und nur in Einzelfällen zu beobachten.

CHORDATA (1 Taxon)

Tunicata

Ascidea

Ciona intestinalis (LINNAEUS, 1758)

C. intestinalis ist arktisch-circumpolar verbreitet und wurde fast weltweit in größere Häfen verschleppt, sie lebt auf Steinen, Muschelschalen und Algen bis in 150 m Tiefe (REMANE 1940, ZETTLER et al. 2000). Ein einzelnes Exemplar dieser roten Ascidie wurde im August auf einer Betonplatte des Sukzessionsansatzes gefunden. Zu diesem Zeitpunkt konnten auf den Seilen und Reusenpfählen des Versuchsaufbaus zahlreiche weitere Vertreter dieser Art beobachtet werden.

4 Diskussion

Die vorliegende Arbeit sollte den Verlauf einer Sukzession auf verschiedenen künstlichen Hartsubstraten im Salzhaff (Mecklenburger Bucht, westliche Ostsee) schildern.
Die Untersuchung wurde in zwei Versuche unterteilt. Der Sukzessions-Ansatz diente der Erfassung der kontinuierlichen Entwicklung während des gesamten Probenzeitraums von Dezember bis August. Der Kontroll-Ansatz sollte die Entwicklung während eines Monats erfassen. Im Vergleich der beiden Versuche sollten Unterschiede im Verlauf der Sukzession, dem Grad der Besiedlung und der Artenzusammensetzung auftreten. Auch zwischen den Substraten Beton, Ziegel und Glas sollten diese Unterschiede beobachtet werden, da sie durch verschiedene Oberflächenstrukturen charakterisiert waren.

Artenzahl

Der Vergleich der beiden Versuche zeigte im Hinblick auf die Artenzahl für die Substrate Beton und Ziegel signifikante Unterschiede (Abb. 2). Diese Unterschiede waren auf den Ziegelplatten besonders deutlich ausgeprägt, bereits ab April waren die Artenzahlen von Sukzessions- und Kontroll-Ansatz signifikant unterschiedlich. Die Betonplatten der beiden Versuche waren nur in den Monaten Mai und Juni eindeutig voneinander zu unterscheiden.
Der Mai zeigte bezüglich der Artenzahl auf den Beton- und Ziegelplatten erste deutliche Unterschiede zwischen den beiden Versuchen, in den Monaten Januar bis April unterschieden sich die Artenzahlen auf den Substraten des Sukzessions- und Kontroll-Ansatzes nicht.
Auf Glas konnten während des gesamten Untersuchungszeitraumes keine signifikanten Unterschiede zwischen den beiden Versuchen festgestellt werden (Abb. 2). Die Arten bevorzugten in beiden Versuchen die Beton- und Ziegelplatten. Die rauhe Oberflächenstruktur der Materialien Beton und Ziegel standen einer glatten Oberfläche des Substrates Glas gegenüber. Die Substratpräferenz wird durch die Unterschiede in der Mikrotextur und dem damit verbundenen Einfluß auf die Substratwahl (WAHL 1989) erklärt.
Im Vergleich der drei Substrate eines Versuchsansatzes traten überraschenderweise kaum signifikante Unterschiede hinsichtlich ihrer Artenzahlen während der achtmonatigen Beprobung auf. Diese Feststellung stand im Widerspruch zu der Aussage, daß die durch rauhe Oberflächen gekennzeichneten Beton- und Ziegelplatten bevorzugt besiedelt wurden (WAHL 1989).
Die Ergebnisse zeigten, daß bei einer kontinuierlichen Entwicklung höhere Artenzahlen auftraten. Das heißt, je länger ein Substrat im Wasser exponiert war, desto mehr Arten

konnten nachgewiesen werden. Gemäß der Definition der zoobenthischen Sukzessionsstadien nach RUMOHR et al. (1996) war eine solche Zunahme der Arten zu erwarten, da das Entstehen einer Klimaxgesellschaft die Entwicklung einer vielfältigen Gemeinschaft erfordert, die durch langlebige Arten, komplexe Nahrungsnetze und einem Gleichgewicht zwischen Produzenten, Konsumenten und Destruenten geprägt wird (REMMERT 1992). Eine weitere Erklärung liefern ARNDT et al. (1971), die eine Zunahme des Artenspektrums während der Sommermonate auf sekundärem Hartsubstrat vor Kühlungsborn und Warnemünde beobachteten. Die ersten signifikanten Unterschiede zwischen Sukzessions- und Kontroll-Ansatz in der Anzahl der Arten traten auf den Beton- und Ziegelplatten im Mai auf und setzten sich bis August fort; die Zunahme entsprach den Beobachtungen von ARNDT et al. (1989). PRENA et al. (1997) stellten bei der Untersuchung der Weichbodenbesiedlung der Mecklenburger Bucht eine ähnliche Entwicklung fest. Sie beobachteten einen Anstieg bzw. geringfügige Änderungen der Artenzahl von den Frühlingsmonaten zum Sommer und eine Abnahme gegen Herbst.

Die Veränderung des Artenspektrums wurde zunächst durch den Vergleich der Dominanz größerer taxonomischer Einheiten untersucht. Die spezifischen Eigenschaften einiger ausgewählter Arten lieferten weitere Erkenntnisse im Bezug auf die Substratwahl und den durch unterschiedliche zeitliche Parameter veränderten Ablauf der Sukzession und sollen zu einem späteren Zeitpunkt vertiefend diskutiert werden.

In den Monaten Januar, Februar, März und April dominierten vor allem die Gastropoda auf den Substraten der beiden Versuche, hinzu kamen einige Amphipoda und Isopoda (Abb. 5a,b). Die Dominanz der genannten Taxa war bei beiden Versuchen zu beobachten und wies auch im Vergleich der drei Substrate kaum wesentliche Unterschiede auf. Die Artenzusammensetzung unterschied sich demnach während der ersten vier Monate der Untersuchung nicht, erst in den Sommermonaten traten signifikante Veränderungen auf (ARNDT et al. 1989).

Ab Mai veränderte sich die Zusammensetzung der Taxa und es traten erste Unterschiede sowohl zwischen den Versuchsansätzen als auch zwischen den Substrattypen auf. Besonders auffällig waren die hohen Abundanzen der Polychaeta auf den Platten des Sukzessions-Ansatzes (Abb. 5 a). Ein weiterer Unterschied zeigte sich in der starken Substratpräferenz der Polychaeta, denn sie dominierten vor allem auf den Beton- und Ziegelplatten. In diesem Monat waren auch die Hydrozoa ein dominantes Taxon, die einen Großteil der Flächen bedeckten und bevorzugt auf den Beton- und Ziegelplatten siedelten. Die Tiere zeigten deutliche Präferenzen bezüglich der Wahl des Substrates, rauhe Materialien wurden eindeutig bevorzugt. BREWER (1984) stellte fest, daß sich Planula-Larven der Gattung *Cyanea* (Cnidaria: Scyphozoa) schneller auf rauhen Oberflächen festhefteten; die Eigenschaften eines Substrates sind demnach für dessen Besiedlung von entscheidender Bedeutung (WAHL 1989). Im Mai zeigten sich hinsichtlich der Zusammensetzung der Taxa erste große Unterschiede (Abb 5a). Die Dominanz der Gastropoda, Amphipoda und Isopoda nahm ab und machte einer von Polychaeten und Hydrozoen geprägten Gesellschaft Platz. Auf den Platten der Kontrolle konnte diese Entwicklung nicht beobachtet werden, hier dominierten weiterhin die Gastropoda und Isopoda. Es gab keine Unterschiede in der Besiedlung zwischen den Monaten April und Mai (Abb. 5b).

Im Juni veränderte sich das Besiedlungsbild auf den Substraten des Sukzessions-Ansatzes erneut, der Anteil der Polychaeta sowie der Hydrozoa nahm ab, der Anteil der Bryozoa, Bivalvia und Cirripedia nahm dagegen stark zu. Die Cirripedia, Bryozoa und Bivalvia dominierten in den letzten drei Probenmonaten das Besiedlungsbild der verschiedenen Substrate (Abb. 5a).
In diesem Monat kam es auch auf den Substraten der Kontrolle zu einer Veränderung der Lebensgemeinschaft. Die bisherige Dominanz der Gastropoda, Amphipoda und Isopoda verringerte sich und wurde durch eine von Cirripedia und Bivalvia dominierten Gesellschaft ersetzt (Abb. 5b).

Es kam innerhalb der Monate April bis Juli zu mehrfachen starken Veränderungen in der Artenzusammensetzung, die sowohl im Vergleich der beiden Versuche als auch auf den verschiedenen Substraten unterschiedlich ausfielen.

Die Unterschiede zwischen den Ansätzen lassen sich durch die Expositionszeiten erklären. Es schien innerhalb der dominanten Taxa Arten zu geben, die einen längeren Zeitraum benötigten, um einen bestimmten Lebensraum zu besiedeln. Die Expositionszeit und Besiedlung durch bestimmte Arten standen in unmittelbarem Zusammenhang (BREWER 1984, MAKI et al. 1988, WAHL 1989). Die Lebensweise der einzelnen Arten sollte im Folgenden weitere Beweise für diese Theorie liefern.
Die Gastropoda waren während der Monate Januar bis April auf allen Platten der beiden Versuche dominant, die genannten Monate unterschieden sich hinsichtlich der Dominanz der nachfolgenden Arten nicht (Anhang I). Es handelte sich dabei mit *Hydrobia ulvae*, *Hydrobia ventrosa*, *Littorina littorea*, *Littorina saxatilis* und *Theodoxus fluviatilis* um typische

Weidegänger, die sich von Diatomeen und Mikroalgen ernähren (JAGNOW & GOSSELCK 1987, OLENIN 1997). Erhöhte Abundanzen und daraus resultierende Eudominanz traten vor allem in den Monaten Februar bis April auf. Die hauptsächlich durch Diatomeen (Arten der Gattungen *Chaetoceros*, *Thallassiosira*, *Rhizosolenia*, *Skeletonema* u. *Melosira*) dominierte einsetzende Frühjahrsblüte im März bzw. April (LENZ 1996) lieferte den Tieren eine ausgezeichnete Nahrungsgrundlage. Bei allen fünf Arten konnten höhere Individuenzahlen auf den Platten des Sukzessions-Ansatzes festgestellt werden. Diese Beobachtung ließe sich dadurch erklären, daß auf den Platten, die regelmäßig gesäubert wurden, vermutlich geringere Diatomeen- und Mikroalgendichten vorlagen als auf den Platten, die länger exponiert waren. Die Besiedlung eines Substrates durch Diatomeen und weitere einzellige Eukaryoten findet in der Regel einige Tage nach dessen Versenkung statt (WAHL 1989). Da die Beton-, Ziegel- und Glasplatten der Kontrolle regelmäßig gereinigt wurden, ging die Besiedlung durch die genannten Organismen im Gegensatz zu den Platten des Sukzessions-Ansatzes jeden Monat erneut von einem Nullpunkt aus.

Ein weiterer Unterschied zeigte sich - im Sukzessions- sowie im Kontroll-Ansatz - durch die höheren Abundanzen der genannten Arten auf Beton und Ziegel im Vergleich zu Glas. Eine mögliche Erklärung dafür wäre, daß weniger Diatomeen und Mikroalgen auf den Glasplatten vorhanden waren, da diese durch andere Faktoren wie z. B. Mikrotextur, Benetzbarkeit usw. geprägt wurden und die Substratwahl der genannten Organismen beeinflußte (WAHL 1989). Eine weitere Begründung läßt sich z. B. in der Nahrungsaufnahme von *Theodoxus fluviatilis* finden. *T. fluviatilis* ist darauf angewiesen, die von Steinen abgeschabten Diatomeen während dieses Vorganges zu zerbrechen, um sie in ihrem Darmkanal aufschließen zu können. Das ist wiederum nur möglich, wenn die Oberfläche, von der die Diatomeen abgeschabt werden, sehr rauh ist. *T. fluviatilis* verhungerte auf mit Diatomeen bedeckten glatten Glasscheiben, während sie auf künstlich angerauhten Glasscheiben prächtig gedieh (REMMERT 1992).

Die Abnahme der Dominanz der Gastropoda ließe sich auch durch eine allgemeine Verschlechterung der Nahrungsgrundlage begründen. Ab Mai nahm der Anteil der Hydrozoa mit *Gonothyraea loveni* und *Laomedea flexuosa* sowie der großflächige Kolonien bildenden *Electra crustulenta* stetig zu, das Substrat unterlag von diesem Zeitpunkt an einer starken strukturellen und artspezifischen Veränderung. Vor allem *Electra crustulenta* veränderte die Oberfläche des Substrates, so daß ein Rückgang der Dichte von Diatomeen und Mikroalgen nicht auszuschließen war. Zu jenem Zeitpunkt war vermutlich auch der Höhepunkt der Frühjahrsblüte überschritten (März/April für Kattegat u. Beltsee, April/Mai für die mittlere u. südliche Ostsee, Juni für die Bottenwiek; Angaben nach LENZ 1996), so daß ein genereller

Rückgang dieser spezifischen Primärproduzenten möglich wäre; in den Sommermonaten ist das Phytoplankton vor allem durch das Vorherrschen von Dinoflagellaten und Blaualgen gekennzeichnet (LENZ 1996).

Im Mai traten die Hydrozoa und Polychaeta in großen Dichten auf. Die weitverzweigten Stöcke der Hydroidpolypen *Laomedea flexuosa* und der häufigeren Art *Gonothyraea loveni* bildeten dabei einen Lebensraum für viele mobile phytalbewohnende Organismen wie *Gammarus oceanicus, G. zaddachi, G. salinus, Jaera albifrons, Sphaeroma hookeri* und *Idotea chelipes* (SCHÜTZ 1964, KÖHN & GOSSELCK 1989, ZETTLER et al. 2000). Auffällig waren auch die zahlreichen Jungtiere der Gattung *Idotea*, die im Mai in sehr hoher Zahl auftraten und vor allem in den Polypenstöcken und dem übrigen Phytal - ein für die Jungtiere dieser Gattung typischer Lebensraum (KÖHN & GOSSELCK 1989) - der Platten zu beobachten waren. Andere Organismen wie Copepoda und Ostracoda waren dort ebenfalls in großer Anzahl zu finden. *Gonothyraea loveni* und *Laomedea flexuosa* bildeten einen wichtigen Lebensraum und beeinflußten ihre Umgebung und die Besiedlung, was am Beispiel der Jungtiere von *Idotea* besonders verdeutlicht wurde.

In den folgenden Monaten wurden nur noch Überreste von Polypenstöcken entdeckt. Der Grund dafür war die Nacktschnecke *Tenellia adspersa*. Von dieser Schnecke ist bekannt, daß sie sich von Hydroidpolypen ernährt und diese abweidet (SCHMEKEL & PORTMANN 1982, GATTI 1996). *Tenellia adspersa* trat in den Monaten Juni, Juli und August auf den Platten auf. Die Abundanzen lagen auf den Beton- und Ziegelplatten höher als auf Glas und erklärte sich durch die Tatsache, daß auch der Besiedlungsgrad durch die genannten Polypen auf diesen Substraten höher war (Abb. 6a, b). Die Anheftungsmöglichkeiten für Stolone waren anscheinend auf den rauhen Oberflächen der Beton- und Ziegelplatten günstiger (BREWER 1984, WAHL 1989). Da *G. loveni* und *L. flexuosa* aufgrund dieser Tatsache bevorzugt auf Beton und Ziegel siedelten (Verhältnis Beton/Ziegel zu Glas ± 4:1), wurden auch mehr Exemplare ihres Freßfeindes *Tenellia adspersa* auf diesen Substrattypen beobachtet (das Abundanzverhältnis von *T. adspersa* auf Beton/Ziegel zu Glas betrug ± 5:1).

Die Polychaeten-Arten *Fabricia stellaris*, *Polydora ciliata* und *Polydora cornuta* sind hemisessile, röhrenbewohnende Organismen, die sowohl im Phytal als auch auf Hartböden vorkommen (BICK & GOSSELCK 1985). In den Ritzen und Spalten der Beton- und Ziegelplatten konnten die genannten Arten häufig beobachtet werden. Die Wohnröhren dieser Arten bestanden hauptsächlich aus pflanzlichen Partikeln. Daher mußte erst ein gewisser Anteil dieses Materials vorhanden sein und erklärt die nahezu ausschließliche Besiedlung der Platten des Sukzessions-Ansatzes, da hier eine kontinuierliche Anreicherung von Detritus

erfolgen konnte. SCHÜTZ (1964) stellte fest, daß ein Fehlen pflanzlichen Materials sowie angesammelten Feinsands die Ansiedlung von *Fabricia stellaris* negativ beeinflußt. Da die Reproduktionszeiten für *F. stellaris* im Frühjahr und für die beiden Spionidae-Arten ganzjährig (mit einem Minimum im Winter) angegeben werden (BICK & GOSSELCK 1985) war eine Besiedlung zu dieser Zeit nicht ungewöhnlich. Desweiteren konnten besonders deutliche Substratpräferenzen für die genannten Arten festgestellt werden. Die Haftmöglichkeiten für die Wohnröhren und Larven schienen in diesem Fall auf Beton und Ziegel günstiger zu sein; die genannten Substrate wiesen aufgrund ihrer Oberflächenstruktur mit Ritzen und Spalten vielfältige Ansiedlungsmöglichkeiten auf.
Der zeitweilige Rückgang der Abundanzen und der starken Eudominanz der drei erwähnten Arten im Mai und Juni läßt sich nur durch eine weitere Veränderungen des Substrates und der Artenzusammensetzung erklären.
Ab Mai und Juni nahm die Abundanz von *Electra crustulenta* stark zu, so daß im August nahezu 90 % der Plattenfläche von deren Kolonien bedeckt waren. Hinzu kam eine immer stärkere Besiedlungsdichte von *Balanus improvisus*. Beide Arten konkurrierten stark um das Primärsubstrat. Eine solche Konkurrenz war bereits in früheren Untersuchungen beobachtet worden (DAYTON 1971, MEYER 1975, OLENIN 1995). *Electra crustulenta* und *Balanus improvisus* zeigten ein starkes Wachstum hinsichtlich ihrer Besiedlungsdichte und verhinderten dadurch vermutlich eine gewisse Zeit die erfolgreiche Besiedlung der Platten durch *Polydora ciliata* und *P. cornuta*. Im August konnten in den Zwischenräumen der Schichten, die von den Balanidae und Bryozoa gebildet wurden, wieder höhere Abundanzen von *Polydora cornuta* beobachtet werden, ein optimaler Lebensraum hatte sich für den hemisessilen Röhrenbewohner eröffnet. Aus unerklärlichen Gründen wurden jedoch keine weiteren Vertreter von *Polydora ciliata* nachgewiesen.

Die Schichtbildung von *Electra crustulenta* und *Balanus improvisus* schuf auch für weitere Organismen einen optimalen Lebensraum. Zahlreiche Vertreter von *Corophium insidiosum*, *Heterotanais oerstedi*, Copepoda, Ostracoda, Oligochaeta, Nematoda und Chironomidae konnten in dieser Hartbodenzönose beobachtet werden. Hinzu kamen die extrem hohen Individuenzahlen von *Mytilus* sp., ein weiterer eudominanter Hauptsiedler in den Sommermonaten. Die Byssusfäden der Miesmuschel boten weitere Anhaftungsmöglichkeiten für röhrenbauende Organismen, denn zwischen den Byssusfäden sammelte sich viel organisches Material an, welches für die genannten Organismen von großer Bedeutung war (SCHÜTZ 1964). Einige Arten, wie *Heterotanais oerstedi*, zeigten kaum Substratpräferenzen im Hinblick auf Beton, Ziegel und Glas, sondern waren hautsächlich in dieser *Mytilus-Balanus-Electra*-Zönose zu finden. Von einigen Arten ist bekannt, daß sie auf *Mytilus*-Aggregaten siedeln; *Gammarus zaddachi, G. oceanicus, G. salinus, Heterotanais oerstedi* und *Jaera albifrons* sind einige Arten, die für eine solche *Mytilus*-Zönose typisch sind (REMANE 1940, SCHÜTZ 1964, KÖHN & GOSSELCK 1989, ZETTLER et al. 2000).

Die Substrate wurden in den Monaten Juni, Juli und August vor allem von den Taxa *Mytilus* sp., *Balanus improvisus* und *Electra crustulenta* dominiert. Diese Arten werden in vielen Arbeiten als sogenannte Hauptsiedler des Sublitorals bezeichnet (REMANE 1940, SUBKLEW & THOMASCHKY 1963, SCHÜTZ 1964). ARNDT et al. (1971 u. 1965) charakterisierten *Mytilus edulis* und *Balanus improvisus* als Hauptvertreter, die das Bild der Fauna des sekundären Hartbodens prägen. OLENIN (1995) gibt *M. edulis*, *B. improvisus* und *E. crustulenta* als typische Charakterarten des Sublitorals an und Beobachtungen von DAYTON (1971) zeigten, daß *Mytilus edulis* und *Balanus improvisus* um das Primärsubstrat konkurrieren. Sie stellten einen entscheidenden Faktor in der Sukzession der Besiedlung dar und können PEARSON (1981) zufolge als Schlüsselarten bezeichnet werden.
Die Miesmuschel ist die häufigste Mollusca-Art der Mecklenburger Bucht (GOSSELCK & V. WEBER 1997, ZETTLER et al. 2000) und kommt auf allen Sedimenten und im Phytal vor; der niedrigste Biomassedurchschnitt liegt dabei auf Weichböden (JAGNOW & GOSSELCK 1987). *Mytilus* sp. zeichnete sich in den Sommermonaten durch hohe Abundanzen aus und war in dichten Trauben auf den Platten zu beobachten, wobei es sich in der Regel um juvenile Tiere handelte. ARNDT (1971) beobachtete die Primärinvasion von *Mytilus edulis* im Rahmen seiner Untersuchung des Pfahlbewuchses vor Kühlungsborn und Warnemünde in den Monaten Juni und Juli, was die hohen Individuendichten der Tiere in den Sommermonaten erklärt.
Balanus improvisus ist ebenfalls ein typischer Hartbodenbewohner, dessen Schwerpunkt der Besiedlung auf Steinen des Flachwasserbereiches liegt und in der Ostsee häufig und weit verbreitet ist (ZETTLER et al. 2000). Die Art wird als Charakterart des Sublitorals beschrieben (REMANE 1940, ARNDT et al. 1971 u. 1965, OLENIN 1995), deren Verbreitung durch ihre Larven erfolgt. Der Larveneintrag erklärt die sinkenden Abundanzen und die rückläufige Eudominanz auf den Platten der Kontrolle. Der Schwerpunkt der Larvendichte schien im Juni zu liegen, mit abnehmender Larvenzahl in den Monaten Juli und August sanken auch die Zahlen der beobachteten Tiere auf den Platten. Auf den Platten des Sukzessions-Ansatzes hingegen zeigte sich aufgrund der kontinuierlichen Entwicklung eine Akkumulation der Individuenzahlen (Anhang I).

Die Hauptsiedler *Mytilus* sp., *Balanus improvisus* und *Electra crustulenta* wiesen im Grad ihrer Besiedlungsdichte deutliche Substratpräferenzen auf. Sie bevorzugten die Beton- und Ziegelplatten und beeinflußten damit indirekt auch andere Arten, die als typische Bewohner einer *Mytilus-Balanus-Electra*-Zönose beschrieben werden, wie *Fabricia stellaris*, *Gammarus zaddachi*, *G. salinus*, *G. oceanicus* und *Heterotanais oerstedi* (REMANE 1940, SCHÜTZ 1964, ZETTLER et al. 2000).

Weitere Arten, die hauptsächlich auf den Beton- und Ziegelplatten des Sukzessions-Ansatzes vorkamen, waren *Microdeutopus gryllotalpa*, *Gammarus zaddachi*, *G. oceanicus*, *G. salinus*, *Melita palmata* und die Isopoda *Jaera albifrons*, *Idotea chelipes*, *Sphaeroma hookeri* und *Cyathura carinata*. Wegen der hohen Mobilität dieser Organismen ist die Einschätzung und Beurteilung ihrer Abundanzen und Substratpräferenzen äußerst schwierig und differenziert zu betrachten. Diese Arten können hohe Individuendichten hervorbringen, die bis zu mehreren 100 Ind./m^2 betragen können (ZETTLER et al. 2000), aber wie im Abschnitt Material und Methoden beschrieben, flüchteten viele Tiere bereits bei der Entnahme der Platten. Einige dieser Arten zeigten andeutungsweise Substratpräferenzen (*Microdeutopus gryllotalpa*, *Melita palmata*, *Sphaeroma hookeri* und *Cyathura carinata*), für andere Arten konnten keine Vorlieben hinsichtlich der Substratbesiedlung festgestellt werden (*Corophium insidiosum*, die *Gammarus*-Arten; *Jaera albifrons* und *Idotea chelipes*). Wiederum andere Arten, wie *Heterotanais oerstedi* und die Jungtiere der Gattung *Idotea*, ließen sich erst nach der erfolgreichen Besiedlung der Platten durch andere Organismen nieder.

Räuberisch bzw. omnivor lebende Organismen wie die Arten der Gattungen *Lineus* und *Cephalothrix* sowie *Platynereis dumerilii*, *Nereis (Hediste) diversicolor*, *Nereis (Neanthes) succinea* und *Harmothoe impar* wurden vorwiegend auf den Beton- und Ziegelplatten des Sukzessions-Ansatzes beobachtet. Die Vielfältigkeit der potentiellen Beuteorganismen auf den Platten, die über den gesamten Probenzeitraum exponiert waren, boten diesen Taxa eine günstigere Lebensgrundlage. Die Substratpräferenzen einiger Beuteorganismen hatten folglich Einfluß auf die Substratwahl der Räuber. Die Räuber-Beute-Beziehungen waren demnach in gewisser Weise ebenfalls substratspezifisch. Interspezifische Konkurrenz und prädationsbedingte Mortalität als biologische Störfaktoren wurden schon von DAYTON (1971) beschrieben und beeinflussen die Lebensgemeinschaften hinsichtlich ihrer Zusammensetzung und Verbreitung (PEARSON 1981).

Wie erklärt sich die bei zahlreichen Arten festgestellte Substratpräferenz ?

Beton, Ziegel und Glas werden durch unterschiedliche Oberflächenstrukturen charakterisiert; Beton und Ziegel besitzen eine rauhe Oberfläche, während die von Glas glatt ist.

Im Vergleich der beiden Substrate Beton und Ziegel konnten keine Unterschiede im Velauf der Sukzession festgestellt werden (Artenzahl, Vergleich größerer taxonomischer Einheiten, Artenzusammensetzung).

Beide Substrate waren jedoch hinsichtlich der Artenzusammensetzung, deren Abundanzen und Dominanzen betreffend, deutlich von Glas zu trennen.

Die Substratwahl wird von Faktoren wie Licht, Farbe, Schwerkraft, Druck, Turbulenzen, Mikrotextur, Benetzbarkeit, Elektrostatik, pH-Wert, chemische Komponenten sowie Exudaten von bereits siedelnden Organismen beeinflußt (WAHL 1989). Vor allem die Benetzbarkeit (*wettability*) scheint dabei von entscheidender Bedeutung zu sein (BREWER 1984). Der Autor stellte fest, daß Rauheit und Bewuchs eines Substrates dessen Benetzbarkeit (Fähigkeit eines Substrates in Kohäsion mit dem umgebenden Medium zu treten) stark beeinflussen. Die Kontaktwinkel sind auf rauhen Materialien durch dessen geringere Benetzbarkeit größer und begünstigen das Niederlassen von Organismen. Nach BREWER (1984) siedelten die Planula-Larven der Gattung *Cyanea* (Cnidaria: Scyphozoa) früher auf dem rauhen Material Plastik als auf glattem Glas.

Nach den Beobachtungen von WAHL (1989) beginnt die biochemische Konditionierung durch Makromoleküle, sobald ein Substrat im Wasser versenkt wird. Die anschließende Bakterien-Besiedlung ist grundsätzlich von physikalischen Kräften wie der Brownschen Bewegung, elektrostatischen Interaktionen, Erdanziehung usw. gesteuert. Die bakterielle Besiedlung, die ungefähr eine Stunde nach der Versenkung einsetzt, verändert drastisch die Eigenschaften der Substrat/Wasser-Interphase. Die Benetzbarkeit des Substrates steht demnach in einem starken Zusammenhang mit der biochemischen Konditionierung und der darauf folgenden bakteriellen Besiedlung. Die Bakterienfilme sind von entscheidender Bedeutung für die nachfolgende Besiedlung durch zunächst einzellige Eukaryota (Einsetzen normalerweise einige Tage nach der Versenkung) und schließlich vielzelligen Organismen (eine bis mehrere Wochen nach Versenkung), die die längste Kolonisationsphase aufweisen. Die Bakterienfilme auf Hartsubstrat können das Festhaften von marinen Wirbellosen-Larven positiv oder negativ beeinflussen (MAKI et al. 1988). Der Autor stellte fest, daß die Larven von spirorbiden Polychaeten, verschiedenen Bryozoa und auch Austern positiv auf bestimmte Mikroorganismen reagieren. Die Larven von *Balanus amphitrite* wurden durch bestimmte bakterielle Filme an der Festheftung gehindert. Ähnliche Beobachtungen machte SCHMAHL

(1985) bei seinen Untersuchungen zur Stolonausbildung von *Aurelia aurita*, die durch bestimmte Bakterienfilme begünstigt wurde.

Die Organismen bevorzugen Substrate mit geringer Benetzbarkeit (Beton u. Ziegel), da hier die Kontaktwinkel für eine Anhaftung günstiger sind. Die Substratpräferenzen werden durch diese spezielle Eigenschaft stark beeinflußt und damit konsequenterweise auch die Sukzession. Das beste Beispiel für diese Theorie zeigten die Polychaeta, die auf den Glasplatten so gut wie nie zu beobachten waren. Auch die geringeren Abundanzen bzw. Flächenbedeckung durch die koloniebildenden Arten bestätigen diese Aussage.

Der Diveritätsindex H‘ und die Eveness J‘ hatten im Vergleich der Substrate keine Unterschiede gezeigt. Die Diversität war auf den Glasplatten fast ebenso hoch wie auf den Beton- und Ziegelplatten. Dies erklärte sich durch den unmittelbaren Zusammenhang zwischen Artenzahl und der Abundanz der einzelnen Arten. Die Arten- und Individuenzahlen waren auf Glas im Vergleich mit Beton und Ziegel stets niedriger, die Individuendichten der einzelnen auf Glas nachgewiesenen Arten jedoch annähernd gleich hoch. Die Diversität einer Lebensgemeinschaft sinkt, wenn die Abundanzen einzelner Arten stark zunehmen und einige Arten dominieren (PEARSON 1981). Die ausgeprägte Dominanz von *Mytilus* sp., *Balanus improvisus* und *Electra crustulenta* im August bewirkte folglich eine Abnahme der Diversität auf den Beton- und Ziegelplatten, was der Aussage von REMMERT (1992) entspricht, daß die Diversität auf im Meer ausgebrachten Hartsubstraten zu Beginn sehr niedrig ist, um nach einem äußerst diversen Stadium ein relativ konstantes Endstadium mit niedriger Diversität auszubilden.

Die vorliegende Arbeit beweist, daß die Sukzession auf Substraten mit verschiedener Oberflächenstruktur unterschiedlich verläuft. Der zeitliche Rahmen für die Sukzession war bei den beiden Versuchen unterschiedlich und wies erwartungsgemäß Abweichungen auf. Einige Organismen konnten auf den Platten der Kontrolle, die regelmäßig gesäubert wurden, nicht oder nur vereinzelt nachgewiesen werden. Die Theorie von WAHL (1989) besagt, daß ein gewisser zeitlicher Rahmen für die Besiedlung eines Substrates notwendig ist. Dies beginnt mit der Besiedlung durch Mikroorganismen und läßt sich bis zu der in der vorliegenden Arbeit untersuchten Makrofauna fortsetzen.

Die enge Verknüpfung und gegenseitige Abhängigkeit der Arten und Unterschiede hinsichtlich verschiedener zeitlicher Rahmenbedingungen im Verlauf der Sukzession konnten mit den Ergebnissen der vorliegenden Arbeit verdeutlicht werden.

Schlüsselarten

Die Existenz von Schlüsselarten, deren Vorhandensein oder Abwesenheit den Verlauf einer Sukzession bestimmen oder zumindest nachhaltig beeinflussen können, wurde bereits angedeutet. Die Identifikation solcher Arten und deren Lebenszyklus ist notwendig für eine mögliche Vorraussage der Effekte eines katastrophalen Vorfalls, welcher im Extremfall die Vernichtung einer Lebensgemeinschaft zur Folge hätte (PEARSON 1981).

Der enorme Einfluß der Hauptsiedler *Mytilus* sp., *Balanus improvisus* und *Electra crustulenta* wurde bereits dargelegt. Zahlreiche Organismen werden als typische Bewohner einer *Mytilus*-Zönose bezeichnet (*Gammarus zaddachi, G. oceanicus, G. salinus, Jaera albifrons*) (SCHÜTZ 1964, KÖHN & GOSSELCK 1989, ZETTLER et al. 2000). *Mytilus* sp., *B. improvisus* und *E. crustulenta* veränderten die Substratoberfläche und bildeten einen optimalen Lebensraum für Arten wie *Heterotanais oerstedi, Corophium insidiosum, Polydora cornuta* sowie für zahlreiche Vertreter der Oligochaeta, Chironomidae, Copepoda, Ostracoda und Nematoda. Von vielen Autoren werden *Mytilus* sp., *Balanus imrovisus* und *Electra crustulenta* als Hauptsiedler bzw. Chararakterarten des primären und sekundären Hartbodens beschrieben (REMANE 1940, SUBKLEW 1961, SUBKLEW & THOMASCHKY 1963, SCHÜTZ 1964, ARNDT et al. 1971, DAYTON 1971, OLENIN 1995, GOSSELCK & V. WEBER 1997). Die Veränderung der Substratstruktur und der Lebensgemeinschaft lassen auf eine starke Schlüsselfunktion dieser Arten schließen.

Es gab weitere Arten, die ihre Umgebung und andere Arten stark beeinflußten. Die Polypenstöcke von *Gonothyraea loveni* und *Laomedea flexuosa* bildeten den bevorzugten Aufenthaltsraum für die Jungtiere der Gattung *Idotea*. Die Nacktschnecke *Tenellia adspersa* wiederum dezimierte die Polypenstöcke und veränderte so ihrerseits nachhaltig den Lebensraum auf den Siedlungsplatten. Die Wohnröhren der Polychaeten *Polydora ciliata, P. cornuta, Platynereis dumerilii, Corophium insidiosum* und *Heterotanais oerstedi* bildeten für viele Meiofauna-Arten einen idealen Lebensraum.

Jede Art übt Einfluß auf ihren Lebensraum und andere Arten aus. Inter- und intraspezifische Konkurrenz um Ressourcen, Räuber-Beute-Beziehungen und die Reaktionen eines Organismus auf Veränderungen der Umweltbedingungen sind nur einige Aspekte, die eine komplexe Lebensgemeinschaft charakterisieren und beeinflussen (DAYTON, 1971).

Die gravierende Veränderung der ausgebrachten Substrate und deren Artenzusammensetzung durch *Mytilus* sp., *Balanus improvisus* und *Electra crustulenta* zeigte deutlich deren Schlüsselfunktion. Aus diesem Grund können diese Arten durchaus als besonders einflußreiche Schlüsselarten bezeichnet werden.

Die Frage nach der Ausbildung eines Klimax-Stadiums schließt sich diesen Betrachtungen unmittelbar an.
Die vorgefundenen Arten sind für die Mecklenburger Bucht und das Salzhaff, sowie Standorten bei Kühlungsborn, Warnemünde und der Unterwarnow durch zahlreiche Untersuchungen der Makrofauna nachgewiesen (ARNDT 1965, STROGIES 1983, ZETTLER 2000). Es kamen vorwiegend marin-euryhaline und genuine Brackwasserarten auf den im Salzhaff ausgebrachten Siedlungsplatten vor. Die *Mytilus*-Zönose wird von SUBKLEW & THOMASCHKY (1963) als Klimaxstadium beschrieben, das sich im Laufe der Zeit auf sekundärem Hartsubstrat einstellt. Die vorliegenden Ergebnisse und deutliche Dominanz von *Mytilus* sp. im Bereich der Wismar-Bucht (GOSSELCK & V. WEBER 1997) und gesamten Mecklenburger Bucht (ZETTLER et al. 2000) lassen eine solche langfristige Entwicklung auf den ausgebrachten Substraten ebenfalls vermuten.

Die regelmäßige Untersuchung des Benthos mit gleichzeitiger Erhebung hydrographischer Daten ist für die Analyse der Qualität eines Lebensraumes von enormer Bedeutung. Nur auf diese Weise können Veränderungen der Umweltparameter, der Zusammensetzung der Lebensgemeinschaften, Einwanderung neuer Arten usw. erfaßt und beurteilt werden.

Literatur

ARNDT, E. A. (1965): Über die Fauna des sekundären Hartbodens der Martwa Wisla und ihres Mündungsgebietes (Danziger Bucht). - Wissenschaftliche Zeitschrift der Universität Rostock **5/6** : 645-653

ARNDT, E. A., MEYER, U., KONZAREK, M., KREUZBERG, M., LEHMITZ, R., WESTENDORF, J. (1971): Untersuchungen am Pfahlbewuchs vor Kühlungsborn und Warnemünde in den Jahren 1968-1969. - Wissenschaftliche Zeitschrift der Universität Rostock **1** : 7-15

ARNDT, E. A. (1989): Ecological, physiological and historical aspects of brackish fauna distribution. - Reproduction, Genetics and Distributions of Marine Organisms. - Proc. 23rd Eur.Mar.Biol.Symp. Swansea, UK: 327-338

BICK, A., GOSSELCK, F. (1985): Arbeitsschlüssel zur Bestimmung der Polychaeten der Ostsee. Mitt. Zool. Mus. Berl. **61** (2): 171-272

BREWER, R. H. (1984): The influence of the orientation, roughness, and wettability of solid surfaces on the behavior and attachment of planulae of *Cyanea* (Cnidaria: Scyphozoa). – Biol. Bull. **166**: 11-21

BREY, T. (1986): Increase in macrozoobenthos above the halocline in Kiel Bay comparing the 1960s with the 1980s. – Mar. Ecol. Prog. Ser. **28**: 299-302

BROCH, H. (1928): Tierwelt der Nord- und Ostsee. Hydrozoa. – Grimpe &Wagler

DAYTON, P. K. (1971): Competition, disturbance, and community organization: The provision and subsequent utilization of space in a rocky intertidal community. – Ecological Monographs **41** (4): 351-389

ELMGREN, R. (1978): Structure and dynamics of Baltic benthos communities, with particular reference to the relationship between macro- and meiofauna. – Kieler Meeresforsch., Sonderheft **4**: 1-22

GATTI, S. (1996): Ernährungs- und populationsökologische Untersuchungen an Nacktschnecken der Kieler Bucht. – Diplomarbeit, Institut für Meereskunde, Christian-Albrechts-Universität-zu-Kiel, Math.-Nat. Fakultät

GOSSELCK, F., V. WEBER, M. (1997): Die Eutrophierung - ein Problem in der Wismar-Bucht. - Meer und Museum. Die Wismar-Bucht und das Salzhaff. Warnsignale aus der Ostsee **13**: 36-39

GOSSELCK, F., V. WEBER, M. (1997): Pflanzen und Tiere des Meeresbodens der Wismar-Bucht und des Salzhaffs. - Meer und Museum. Die Wismar-Bucht und das Salzhaff. Warnsignale aus der Ostsee **13**: 40-52

HAAS, F. (1926): Tierwelt der Nord- und Ostsee. IX. Mollusca. – Grimpe & Wagler

JAGNOW, B., GOSSELCK, F. (1987): Bestimmungsschlüssel für die Gehäuseschnecken und Muscheln der Ostsee. - Mitt. Zool. Mus. Berl. **63** (2): 191-268

KÖHN, J., GOSSELCK, F. (1989): Bestimmungsschlüssel der Malakostraken der Ostsee. - Mitt. Zool. Mus. Berl. **65** (1): 3-114

LENZ, J. (1996): Meereskunde der Ostsee. Phytoplankton. – Berlin, Heidelberg

LUTHER, G. (1987): Seepocken der deutschen Küstengewässer. – Helgoländer Meeresunters. **41**: 1-43

MAKI, J. S., RITTSCHOFF, D., COSTLOW, J.D., MITCHELL, R. (1988): Inhibition of attachment of larval barnacles, *Balanus amphitrite*, by bacterial films. – Marine Biology **97**: 199-206

MARCUS, E. : Tierwelt der Nord- und Ostsee. VII. Bryozoa.- Grimpe & Wagler

MEYER, H. U. (1975): Zur Ökologie und Produktivität von Bewuchsgemeinschaften auf neubesiedelten Hartsubstraten in der Kieler Bucht. – Dissertation. Christian-Albrechts-Universität zu Kiel

OLENIN, S. (1997): Benthic zonation of the eastern Gotland Basin, Baltic Sea. - Netherl. J. Aquatic Ecol. **30** (4): 265-282

OLENIN, S. (1997): Marine benthic biotopes and bottom communities of the south-eastern Baltic shallow waters. - Proceedings of the 30th European Marine Biological Symposium. The responses of marine organism to their environments: 243-249

PEARSON, T. H. (1981): Stress Effects on Natural Ecosystems. Chapter 14. Stress and Catastrophe in Marine Benthic Ecosystems. – Chichester : 201-214

PRENA, J., GOSSELCK, F., SCHROEREN, V., VOSS, J. (1997): Periodic and episodic benthos recruitment in southwest Mecklenburg Bay (western Baltic Sea). – Helgoländer Meeresunters. **51**: 1-21

REMANE, A. (1940): Die Tierwelt der Nord- und Ostsee. I a. Einführung in die zoologische Ökologie der Nord- und Ostsee. – Grimpe & Wagler, Leipzig : 1-238

REMANE, A., SCHLIEPER, C. (1958): Die Binnengewässer. Die Biologie des Brackwassers. – Stuttgart **22**: 1-348

REMMERT, H. (1992): Ökologie. – 363 S., Berlin

RUMOHR,H., BONSDORFF,E., PEARSON,T.H. (1996): Zoobenthic succession in Baltic sedimentary habitats. – Arch. Fish. Res. **44** (3): 179-214

SCHMAHL, G. (1985): Bacterially induced stolon settlement in the scyphopolyp of *Aurelia aurita* (Cnidaria, Scyphozoa). – Helgoländer Meeresunters. **39**: 33-42

SCHMAHL, G. (1985): Induction of stolon settlement in the scyphopolyps of *Aurelia aurita* (Cnidaria, Scyphozoa, Semaeostomeae) by glycolipids of marine bacteria. – Helgoländer Meeresunters. **39**: 117-127

SCHMEKEL,L.; PORTMANN,A. (1982): Opisthobranchia des Mittelmeeres - Nudibranchia und Saccoglossa. - Berlin Heidelberg New York

SCHÜTZ, L. (1964): Die tierische Besiedlung der Hartböden in der Schwentinemündung. – Kieler Meeresforsch. **20** (2): 198-217

STRESEMANN, E. (1992): Exkursionsfauna von Deutschland – Wirbellose **1**. – 637 S., Berlin

STROGIES, M. (1983): Qualitative und quantitative Untersuchung der sekundären Hartböden der Unterwarnow 1982/83 mit dem Versuch einer Trendbestimmung. – Diplomarbeit, Wilhelm-Pieck-Universität Rostock

SUBKLEW, H.-J., THOMASCHKY, H. (1963): Der Bewuchs an Seetonnen im Mündungsgebiet des Peenestroms. – Zoologischer Anzeiger **170** (3/4): 107-117

SUBKLEW, H.-J. (1961): Substrate für *Balanus improvisus* DARWIN in der mittleren Ostsee. – Zoologischer Anzeiger **167** (7/8): 291-295

SUBKLEW, H.-J. (1969): Zur Ökologie von *Balanus improvisus*. – Limnologica (Berlin) 7 (1): S. 147

VON WEBER, M., GOSSELCK, F. (1997): Morphologie und Hydrographie der Wismar-Bucht. – Meer und Museum. Die Wismar-Bucht und das Salzhaff. Warnsignale aus der Ostsee **13**: 33-36

WAHL, M. (1989): Marine epibiosis. I. Fouling and antifouling: some basic aspects. – Mar. Ecol. Prog. Ser. **58**: 175-189

ZETTLER, M. L., BÖNSCH, R., GOSSELCK, F. (2000): Verbreitung des Makrozoobenthos in der Mecklenburger Bucht (südliche Ostsee) - rezent und im historischen Vergleich. - Meereswissenschaftliche Berichte (Marine Science Reports) **42**: 1-144

Danksagung

Ich möchte mich an dieser Stelle bei meinen Betreuern Prof. Dr. Ragnar Kinzelbach und Dr. Andreas Bick für ihre Beratung und anhaltende Gesprächsbereitschaft bedanken, die mir die Bearbeitung dieses umfangreichen Themas ermöglichte. Weiterhin danke ich Olaf Rust für seine wertvolle technische und tatkräftige Unterstützung vor Ort. Ganz besonderen Dank schulde ich meiner Familie und meinen Freunden, die mich während dieser Zeit begleitet und unterstützt haben.